职业教育测绘类专业"新形态一体化"系列教材

地理信息系统技术应用

微课视频版

主　编　李玉芝　陈　勇

副主编　刘冬峰　孙　钢　何明岗　赵书剑　冯翠杰

参　编　郑学芬　张国玉　李　辉　刘　阳　汲广龙

郑　强　孙苗苗

主　审　甄红锋

机械工业出版社

本书是编者在系统总结已有地理信息系统（GIS）基本理论与实践的基础上，根据多年来 GIS 教学与研究的相关经验撰写而成的。全书共分 6 个学习项目，包括地理信息系统认知、空间数据库创建、空间数据采集与处理、空间查询与分析、地理信息可视化、GIS 综合应用，以及一个综合训练项目。本书强调基础性、系统性、简明性；注重理论与实践结合，在讲解理论的基础上，配套技能操作任务和实验数据，增强实用性；具有系统、完整的数字化资源，是职业教育国家在线精品课程"地理信息系统技术应用"课程的配套教材，适应线上线下混合教学；融入育人元素，体现新时代高等院校立德树人的根本要求。

本书可以作为高职院校测绘地理信息类专业、资源环境与安全大类专业的教材，也可以作为企事业单位培训教材。

为方便教学，本书还配有电子课件及相关资源，凡使用本书作为教材的教师可登录机械工业出版社教育服务网 www.cmpedu.com 注册下载。机工社职教建筑群（教师交流 QQ 群）：221010660。咨询电话：010-88379934。

图书在版编目（CIP）数据

地理信息系统技术应用/李玉芝，陈勇主编. —北京：机械工业出版社，2023.8

职业教育测绘类专业"新形态一体化"系列教材

ISBN 978-7-111-73432-1

Ⅰ.①地… Ⅱ.①李… ②陈… Ⅲ.①地理信息系统-高等职业教育-教材 Ⅳ.①P208

中国国家版本馆 CIP 数据核字（2023）第 119708 号

机械工业出版社（北京市百万庄大街 22 号 邮政编码 100037）

策划编辑：沈百琦 责任编辑：沈百琦 高凤春

责任校对：薄萌钰 张 征 封面设计：陈 沛

责任印制：单爱军

北京虎彩文化传播有限公司印刷

2023 年 9 月第 1 版第 1 次印刷

184mm×260mm · 13 印张 · 315 千字

标准书号：ISBN 978-7-111-73432-1

定价：55.00 元

电话服务 网络服务

客服电话：010-88361066 机 工 官 网：www.cmpbook.com

010-88379833 机 工 官 博：weibo.com/cmp1952

010-68326294 金 书 网：www.golden-book.com

封底无防伪标均为盗版 机工教育服务网：www.cmpedu.com

前　言

地理信息系统（Geographic Information System，简称 GIS）是采集、处理、管理、分析、显示和应用空间数据的计算机系统。其作用是解决与位置有关的问题。GIS 广泛应用于测绘与地图制图、国土资源管理、城市规划与管理、环境管理、交通运输、灾害预测评估、大众信息服务、军事等诸多领域，帮助人们做出更好的决策。GIS 的发展和广泛应用使得 GIS 技术应用人才需求不断增加，对教材的需求也日益增多。本书是在《地理信息系统基础》的基础上，落实二十大精神进教材、进课堂、进头脑，对结构、内容、资源配套等方面做了全面优化升级，使之适应当前形势下职业院校教学用书要求。本书体现了"以学习者为中心、线上线下混合教学、工学结合、德技并修"的教学理念。本书特色如下：

1. 校企合作开发，遵循"双元"育人的职教理念

本书为校企合作编写教材。企业专家与专业教师共同确定教学内容，规划教学项目，设置学习任务。在分工上，专业教师负责教材框架设计、内容撰写以及微课视频的录制，企业专家负责实训任务的设计和软件操作视频的录制。

2. 岗课赛融通，坚持能力本位的职教特色

本书从 GIS 技术应用的岗位需求出发，分析岗位工作能力要求，按照认识 GIS、创建空间数据库、采集与处理空间数据、空间查询与分析、地理信息可视化等工作流程，以典型工作任务为载体设计教学项目，融入教学案例，适应结构化、模块化教学要求。

本书设有"大赛直通车"栏目，将 SuperMap 杯高校 GIS 大赛的相关内容分解后，按照内容契合度融入各教学项目中，为 GIS 技能提升提供有力指导和拓展空间。

3. 体例创新，注重理实一体，具有较强的实用性

本书包括 6 个教学项目，每个项目均按照"项目概述→知识目标→技能目标→素质目标→学习任务→项目总结→项目评价→大赛直通车"的体系结构进行编写。

项目概述说明了本项目的学习内容，为学习者提示本项目的学习要点；知识目标阐述了本项目的知识学习目标，为学习者提示本项目的学习要求；技能目标制定了学习者在本项目中所要掌握的技能；素质目标指出了学习者在课程学习中所要提升的职业素养；学习任务给出了应掌握的学习内容以及岗位技能；项目总结通过思维导图为学习者展示了本项目的学习内容；项目评价给出了本项目的评价内容和方式，包含知识评价、技能评价、素质评价。

学习任务按照"问题导入→学习内容→巩固拓展"的顺序进行编写。问题导入部分通过问题引出本任务的学习内容；学习内容部分阐述了本任务需要掌握的知识和技术，分为包含技能操作和不含技能操作两类任务，当学习内容包含技能操作任务时，技能操作任务按照

"任务布置→操作示范→任务实施→任务检查→成果提交→任务评价"六个环节组织；巩固拓展部分针对本任务设置了思考问题和拓展学习任务。

附录部分给出一个综合训练项目——数字校园，依据实际工程案例和前面所学技能精选此训练项目，以供学习者综合提升自身职业技能。

4. 融入育人元素，体现立德树人的根本要求

教学过程中，不仅应注重专业知识的传授，更应注重学习者世界观、人生观、价值观的正确塑造。书中各个项目中均增加了"素质目标"，包括国家地理信息安全意识、国家版图完整意识、科学素养、测绘工匠精神、测绘责任与担当等方面的要求。在学习任务中，通过"素养提示"融入育人元素，巩固拓展中设计了蕴含育人元素的题目，有效提高学习者的职业素养。

本书紧密联系实际，激发学习者责任意识。书中融入了大量案例，例如2021年河南省暴雨期间降雨量分析、基础设施（医院）选址分析、淹没分析等，涉及国计民生、城市规划等多个领域，让学习者切实体会到所学专业的社会价值所在，在解决问题的同时增强社会责任感。

5. 立体开发，适应线上线下混合教学需求

本书为职业教育国家在线精品课程"地理信息系统技术应用"配套教材，配套完整的微课视频、技能操作视频、实验数据、电子课件等数字化资源，是可视、可练、可互动的融媒体教材。国家在线精品课程在智慧职教MOOC学院平台，学习者可以自主登录学习。

本书采用金彩印刷，版式设计精美，文中各项对比数据、图表可清晰显示。

本书由山东水利职业学院李玉芝、北京超图软件股份有限公司陈勇担任主编，确定编写大纲和整体结构。参与编写的人员还有山东水利职业学院刘冬峰、冯翠杰、刘阳、李辉，山东水利勘测设计院有限公司何明岗，北京超图软件股份有限公司赵书剑、孙苗苗，日照市岚山区市政工程有限公司孙钢、汲广龙，山东城市建设职业学院郑学芬，日照职业技术学院张国玉，日照市岚山区自然资源局郑强。全书由山东水利职业学院甄红锋主审。

本书是所有参与编写各院校的相关教师、各企事业单位的相关专家共同努力的结果，在此一并表示感谢。

由于编者水平有限，书中错误在所难免，欢迎同行专家和学习者批评指正。

编 者

本书二维码清单

（续）

一、本书微课视频列表

序号	名称	图形	序号	名称	图形
17	3.4.1 空间数据结构转换		27	4.7.1 数字高程模型及地形分析	
18	3.5.1 空间数据编辑		28	5.1-1 地理信息可视化的概念	
19	3.6.1 拓扑关系的建立		29	5.1-2 地理信息可视化的类型	
20	3.7 空间数据质量分析与控制		30	5.2.1 地理信息可视化的基本原则	
21	4.1.1 空间查询		31	5.3.1 专题信息的表示方法	
22	4.2 空间分析概念及功能		32	6.1-1 "3S"集成技术概念	
23	4.3.1 缓冲区分析		33	6.1-2 GIS 与 RS 集成应用	
24	4.4.1 叠加分析		34	6.1-3 GIS 与 GNSS 集成应用	
25	4.5.1 网络分析		35	6.1-4 "3S"集成技术在第三次全国国土调查中的应用	
26	4.6.1 空间插值				

（续）

二、本书操作视频列表

序号	名称	图形	序号	名称	图形
1	1.6.2 SuperMap iDesktop 软件基本操作		11	4.3.2 进行缓冲区分析	
2	2.6.2 建立空间数据库		12	4.4.2 进行叠加分析	
3	3.2.2 扫描矢量化		13	4.5.2 进行网络分析	
4	3.2.3 CAD、Shape 数据导入 SuperMap 系统		14	4.6.2 利用空间插值制作降雨量图	
5	3.3.2 投影变换		15	4.7.2 制作 DEM	
6	3.3.3 地图配准		16	4.7.3 基于 DEM 进行地形分析	
7	3.4.2 进行空间数据结构转换		17	5.2.2 制作普通地图	
8	3.5.2 编辑空间数据		18	5.3.2 制作专题地图	
9	3.6.2 拓扑检查与编辑		19	6.2.2 医院选址分析	
10	4.1.2 进行空间查询		20	6.3.2 淹没分析	

（续）

序号	名称	图形	序号	名称	图形
1	1.6.2　SuperMap iDesktop 软件基本操作		11	4.3.2　进行缓冲区分析	
2	2.6.2　建立空间数据库		12	4.4.2　进行叠加分析	
3	3.2.2　扫描矢量化		13	4.5.2　进行网络分析	
4	3.2.3　CAD、Shape 数据导入 SuperMap 系统		14	4.6.2　利用空间插值制作降雨量图	
5	3.3.2　投影变换		15	4.7.2　制作 DEM	
6	3.3.3　地图配准		16	4.7.3　基于 DEM 进行地形分析	
7	3.4.2　进行空间数据结构转换		17	5.2.2　制作普通地图	
8	3.5.2　编辑空间数据		18	5.3.2　制作专题地图	
9	3.6.2　拓扑检查与编辑		19	6.2.2　医院选址分析	
10	4.1.2　进行空间查询		20	6.3.2　淹没分析	

三、本书实验数据列表

目　录

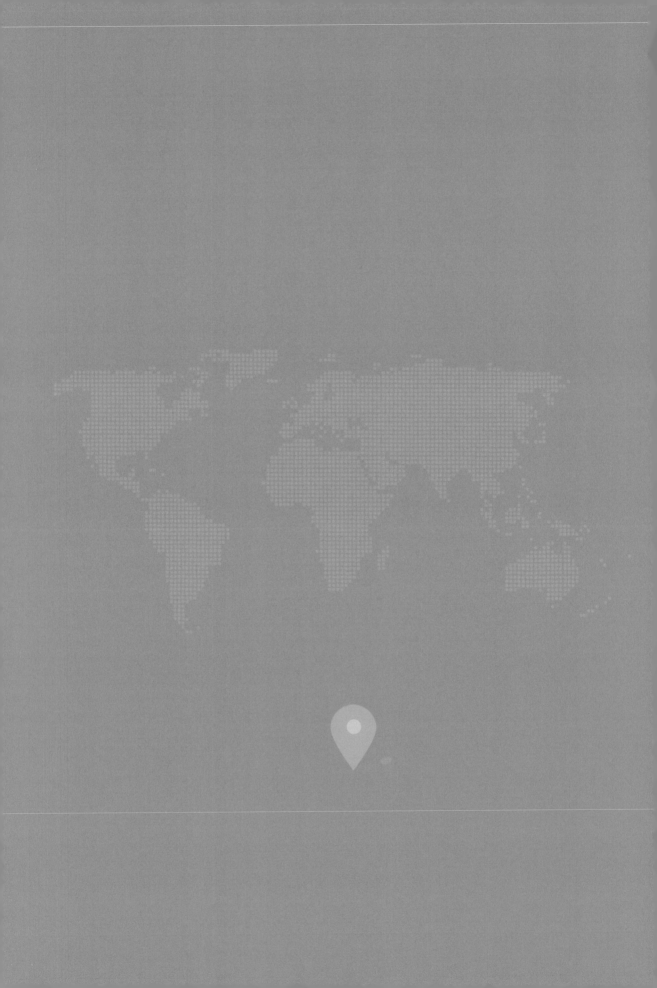

项目 1

地理信息系统认知

【项目概述】

　　地理信息系统（GIS）自20世纪60年代产生之日起，凭借其对空间数据的管理、处理、分析能力，广泛应用在测绘与地图制图、国土资源管理、城市规划与管理、环境管理、交通运输、灾害预测评估、大众信息服务、军事等诸多领域。近年来，随着信息技术的快速发展，GIS已经由"旧时王谢堂前燕"进入"寻常百姓家"，例如，利用电子地图APP，我们可以搜索感兴趣的地名、信息，实施路径规划、导航等，给我们的生活、工作带来了极大的便利。

　　地理信息系统是什么？能为我们解决哪些问题？有哪些行业应用？发展状况如何？我们带着这些问题开启《地理信息系统技术应用》第一个项目的学习——地理信息系统认知。本项目主要任务是认识GIS技术和GIS软件。通过学习，让学习者掌握GIS的概念、组成、功能、应用领域、发展状况，能进行GIS软件基本操作，为后续GIS技术的学习和应用打下基础。

【知识目标】

1. 掌握地理信息、地理信息系统的基本概念。
2. 掌握地理信息系统的组成部分。
3. 掌握地理信息系统的基本功能，认识地理信息系统的应用领域。
4. 了解地理信息系统的发展历史、发展趋势。
5. 掌握GIS软件的基本功能。

【技能目标】

1. 能进行GIS软件的安装。
2. 认识GIS软件的界面，并能描述GIS软件基本功能。
3. 能进行GIS软件基本操作。

【素质目标】

1. 具备地理信息保密意识，维护国家地理信息安全。
2. 具备国家版图完整意识，维护国家主权和领土完整。
3. 建立测绘地理信息行业人员的责任担当意识，服务国家生态文明建设和社会经济建设。

任务 1　认识地理信息系统的基本概念

【问题导入】

> 问题：什么是地理信息系统？

一、信息

信息是利用数字、文字、符号、语言等形式的数据，表示现实世界中各种事物的特征、形态以及不同事物间的联系，从而向人们提供关于现实世界新的事实的知识，作为生产、建设、经营、管理、分析和决策的依据。

地理信息系统的
概念（微课视频）

可以从以下三个方面理解信息：

1）载体。信息是以文字、图形、图像、视频、音频等数据为载体，也就是说信息用数据来表示。

2）信息不等同于数据。数据是一种未经加工的原始资料。数字、文字、符号、图像等都是数据。数据只有经过加工、解释之后才能成为信息。例如，从实地或社会调查数据中可获取各种专门信息；从测量数据中可以抽取出地面目标或物体的形状、大小和位置等信息。

3）信息的作用是为生产、建设、经营、管理、分析和决策提供依据。

信息具有如下几个特征：

1）客观性。任何信息都是与客观事实相联系的，这是信息的正确性和精确性的保证。例如，地球上海水面积大于陆地面积。

2）适用性。问题不同，影响因素不同，需要的信息种类也不同。例如，"测绘人员进行测绘活动时，应当持有测绘作业证件"，这条信息适用于测绘工作人员和涉及测绘活动的相关人员。

3）传输性。信息借助各种介质可以在信息发送者和接收者之间进行传输。例如，各种新闻以电视、网络等各种方式传播出去。

4）共享性。信息与实物不同，它可传输给多个用户，为用户共享，而其本身并无损失。例如，各大网站上发布的文章，人们通过分享或发送给朋友，让更多的人知道，这就是信息的共享。

二、地理信息

地理空间有河流、湖泊、道路、建筑等地理实体，以及台风、洪水、空气污染等地理现象，与这些地理实体及地理现象有关的数量、质量、分布特征、联系和规律等的数字、文字、图像、图形等的总称，我们称之为地理数据（或空间数据）。地理信息是与地理实体及现象的空间分布有关的信息，是对地理数据的解释。地理实体及现象的空间位置信息、属性信息（例如：名称、数量、等级等）及随时间而动态变化的信息，都是地理信息。

地理信息是信息的重要组成部分，除了具有信息的一般特征外，还具有定位特征、多维结构、时序特征等，如图1-1所示。

图 1-1　地理信息的特征

1. 定位特征

地理信息是与地理实体联系在一起的，地理实体具有空间位置，通过坐标来表示。例如，地理坐标——日照位于东经118°25′到119°39′、北纬35°04′到36°04′之间。这是地理信息区别于其他类型信息的一个最显著的标志。

2. 多维结构

地理信息具有属性特征，通常在二维空间的基础上按专题来表达多维（即多层次）的属性信息。例如，我们可以在二维的行政区划图上添加人口密度、GDP、房价等专题要素。

3. 时序特征

由于我们生活的地理空间时刻在发生变化，地理信息也会随着时空的动态变化而发生属性数据或空间数据的变化。

【素养提示：建立地理信息、保密意识，守护国家安全】

地理信息是国家基础性、战略性资源，直接关系到国家主权、安全和利益。地理信息也是现代军事斗争的重要组成部分，保障军事活动和国防安全，在信息化战争中，军队的行动和武器装备的使用，都离不开高质量的地理信息服务保障。因此，地理信息一旦泄露，会给国家安全带来严重威胁。

不仅如此，地理信息与我们的日常生活同样息息相关，出行看导航、跑步计轨迹、旅游拍照打卡……随着地理信息与互联网、物联网、大数据、云计算的深度融合，手机定位、网络导航、地图标注等地理信息服务功能给人们生活带来便利的同时，也给国家安全带来了隐患。

综上所述，建立地理信息保密意识，守护国家安全，是每个公民应尽的责任和义务。

三、地理信息系统

1. 地理信息系统的定义

地理信息系统（Geographic Information System，简称 GIS），是指在计算机软硬件支持下，以采集、处理、管理、分析和显示空间实体的地理分布数据及与之相关的属性数据，并以回答用户问题为主要任务的技术系统。其中，空间实体的地理分布数据及与之相关的属性数据称为空间数据，由此，GIS 也可以定义为：一种采集、处理、管理、分析、显示与应用空间数据的计算机系统。

根据 GIS 的定义可知，GIS 使用的工具是硬件系统、软件系统，处理的对象是空间数据（或称为地理数据），功能是实现空间数据的采集、处理、管理、分析、显示、存储及应用，以回答用户问题并辅助决策，如图 1-2 所示。

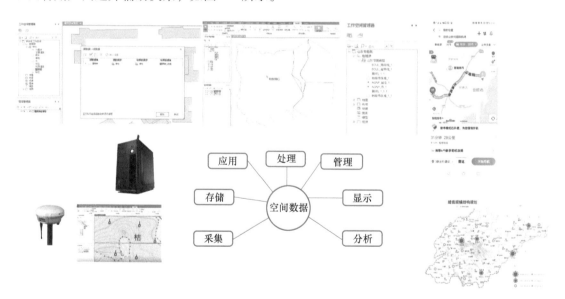

图 1-2　地理信息系统的功能

2. 地理信息系统的基本特征

1）多学科交叉。地理信息系统是由测绘学、地理学、地图学、计算机学科、人工智能等多学科组成的交叉学科。

2）空间数据类型多样。地理信息系统处理的对象是空间数据，包括文字、图形、图像等多种类型，数据类型多样。

3）数据结构复杂。由于空间数据具有空间特征、属性特征和时序特征，还有表示空间实体的拓扑关系，因而数据结构复杂。

4）以空间分析功能为主，解决人们有关位置的实际问题。例如，利用电子地图系统可进行地名搜索、路径分析，方便人们的生活和出行；在旧城改造中，借助 GIS 的缓冲区分析、叠加分析可以确定因道路拓宽需要拆迁的范围；在城市规划中，借助 GIS 进行选址分析，可以将医院、公园等建在最需要的位置。

5）系统应用类型多样。随着 GIS 的发展，它的应用领域也越加广泛，例如，测绘与地图制图、国土资源管理、智慧城市、智慧交通、智慧水利、公共卫生、医疗等。

 【巩固拓展】

1. 简述信息与数据的区别。

2. 思考地理信息系统与测绘学、地图学、计算机等学科的联系。

3. 借助互联网搜索地理信息泄密典型案例、事件，简述为维护个人、国家地理信息安全应注意的事项。

任务2　认识地理信息系统的组成及类型

【问题导入】

问题1：地理信息系统由哪些部分组成？

问题2：地理信息系统有哪些类型？

一、地理信息系统的组成

一个实用的地理信息系统，要支持对空间数据的采集、处理、管理、分析、显示等功能，其基本构成应包括硬件系统、软件系统、空间数据、人员四个部分。其中，核心部分是硬件系统和软件系统，空间数据反映地理信息系统的处理对象，而人员包括管理人员和用户，他们决定系统的工作方式和信息表示方式。

地理信息系统的组成和类型（微课视频）

1. 硬件系统

计算机与一些外部设备及网络设备的连接构成地理信息系统的硬件系统，用以存储、处理、传输和显示地理信息。硬件系统是 GIS 的物理外壳。系统的规模、精度、速度、功能、形式、使用方法，甚至软件都与硬件有极大关系，受硬件指标的支持或制约。地理信息系统由于其任务的复杂性和特殊性，必须由计算机设备支持。

硬件系统主要包括计算机系统、输入设备、存储设备、输出设备、网络设备等部分，如图 1-3 所示。

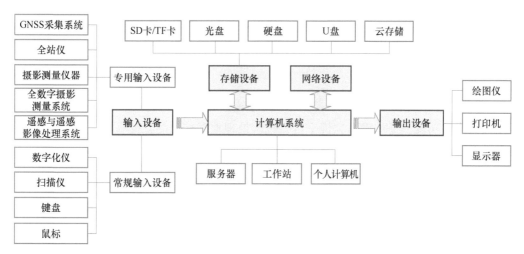

图 1-3　硬件系统的组成

（1）计算机系统　计算机系统包括服务器、工作站和个人计算机。

1）服务器是计算机中的一种，实现资源管理并为用户提供服务。与一般计算机相比，服务器具有高速的 CPU 运算能力、长时间的可靠运行、强大的 I/O 外部数据吞吐能力以及更好的扩展。大型 GIS 对服务器的稳定性、安全性、性能等方面具有很高的要求，在构建GIS 时，服务器的选择应该根据不同需求而定。例如，数据服务器的硬盘容量大，适用于存储数据；应用服务器的计算性能比较高，适用于处理数据或发布服务。

2）工作站是高端的普通微型计算机，具有强大的图形图像处理能力和任务并行处理能力，为企事业单位高效地处理海量空间数据提供支持。GIS 对工作站的内存和显卡等硬件性能要求比较高。

3）个人计算机是指普通微型计算机、平板计算机等。当在个人计算机上安装了 GIS 软件后，就可以进行地理信息的浏览，数据的采集、编辑、处理、分析等工作了。

（2）输入设备　地理信息系统数据采集需要输入设备，专用输入设备有 GNSS 采集系统、全站仪、摄影测量仪器、全数字摄影测量系统、遥感与遥感影像处理系统等，常规输入设备包括数字化仪、扫描仪、键盘、鼠标等。

（3）存储设备　存储设备用于空间数据的存储、传输，包括 SD 卡/TF 卡、光盘、硬盘、U 盘及云存储等。

（4）输出设备　输出设备的作用是将数字形式的地理信息转化为用户可以理解的地图或文本，常见的有绘图仪、打印机及显示器等终端设备。

（5）网络设备　在构建网络 GIS 时，需要网络设备进行传输，例如，交换机、集线器、路由器等。

2. 软件系统

软件系统是指地理信息系统运行所必需的各种程序，用于执行地理信息系统功能的各种操作，包括数据采集、处理、管理、分析、输出等。一个完整的地理信息系统需要很多种类的软件协同工作，通常包括：系统软件、基础支撑软件、地理信息系统软件。

1）系统软件是由计算机厂家提供的，为用户开发和使用计算机提供方便的操作系统。目前常见的操作系统有 Windows、macOS、Linux、iOS、Android 等。系统软件关系到地理信息系统软件和开发语言使用的有效性，因此是 GIS 软件系统中重要的组成部分。

2）基础支撑软件主要包括系统库和数据库软件等。系统库软件提供基本的程序设计语言及数学函数库等用户可编程功能，例如 C++运行库和编译系统等。数据库软件用于复杂空间数据的管理、属性数据存储，主要有 Oracle、SQL Server、DB2 等。基础支撑软件也是 GIS 的重要组成部分。

3）地理信息系统软件是用于支持对空间数据输入、存储、转换、输出的用户接口。它一般指具有强大功能的通用 GIS 软件平台，包含处理地理信息的各种高级功能，可作为其他应用系统建设的平台。其代表产品有 ArcGIS、SuperMap、MapGIS、GoeStar 等。

3. 空间数据

空间数据是地理信息系统的操作对象，也是最重要的部分。空间数据对于地理信息系统而言，就像汽车里的汽油，如果没有汽油，再高档的汽车也跑不起来。数据匮乏或数据质量不高，功能多强大的 GIS 也无法运转。据统计，地理信息系统数据采集、编辑的工作量占系统建设总量的 70%以上，数据质量的优劣是评价 GIS 质量的关键所在。

空间数据来源有图形数据（例如：旅游地图）、图像数据（例如：遥感影像）、统计数据（例如：各地统计年鉴）、音频与视频（例如：旅游景点的介绍）等多种类型，如图 1-4 所示。

a) 图形数据

b) 遥感影像

单位:万人

年份 Year	总人口 Total	按性别分 Grouped by Sex	
		男 Male	女 Female
1949	(4549)	(2199)	(2350)
1952	(4827)	(2392)	(2435)
1955	(5174)	(2587)	(2587)
1957	(5373)	(2694)	(2679)
1962	(5426)	(2718)	(2708)
1965	(5711)	(2866)	(2845)

c) 统计年鉴

d) 音频与视频

图 1-4　空间数据来源

空间数据具有描述空间实体的空间特征、属性特征和时态特征，如图 1-5 所示。

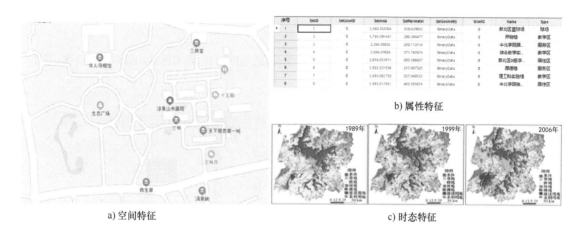

b) 属性特征

a) 空间特征

c) 时态特征

图 1-5 空间数据的特征

1）空间特征表示现象的空间位置或现在所处的地理位置及其相互关系。空间特征又称为几何特征或定位特征，一般以坐标数据表示，如高斯平面直角坐标、经纬度等。

2）属性特征用以描述事物或现象的特性，用来说明"是什么"，如事物或现象的类别、等级、数量、名称等。

3）时态特征用以描述事物或现象随时间的变化，其变化的周期有超短期、短期、中期、长期等。

4．人员

人是地理信息系统中的重要构成因素，地理信息系统不同于一幅地图，它是一个动态的地理模型，仅有系统软硬件和数据还不能构成完整的地理信息系统，需要人进行系统组织、管理、维护和数据更新、系统扩充完善、应用程序开发，并灵活采用地理分析模型提取多种信息，为研究和决策服务。

图 1-6 GIS 人员的构成

对于合格的系统设计、运行和使用来说，地理信息系统专业人员是地理信息系统应用的关键，而强有力的组织是系统运行的保障。一个周密规划的地理信息系统项目应包括进行基础理论和方法研究的科学研究人员，对项目开发流程、人员安排、资金配置等方面进行统筹管理的项目管理人员，根据用户需求设计解决方案的系统设计人员，负责程序设计的系统开发人员，数据处理人员，以及最终运行系统的用户等，如图 1-6 所示。

【素养提示：事物是普遍联系和永恒发展的】

GIS 各个组成部分（硬件系统、软件系统、空间数据、人员等）的发展水平都会影响 GIS 的整体发展及行业应用水平。近年来，空间数据因采集技术的进步而向着海量、高精度方向发展，计算机相关硬件、软件的快速发展也为 GIS 技术的快速发展提供了有力支撑。作为 GIS 技术人员，我们应不断提高计算机硬件、软件应用水平，更新相关知识和技术水平，勇于创新，从而推动 GIS 技术的发展和行业应用水平的提高。

二、地理信息系统的类型

地理信息系统的类型，按内容可以划分为专题 GIS、区域 GIS 和 GIS 工具，如图 1-7 所示。

a) 专题GIS

b) 区域GIS

c) GIS工具（SuperMap）

图 1-7　GIS 的类型

1）专题 GIS 是指具有优先目标和专业特点的地理信息系统，为特定的专门目的服务。例如，土地管理信息系统、水文水资源管理信息系统。

2）区域 GIS 是以区域综合研究和全面服务为目标的地理信息系统，例如，"天地图"公众服务平台。天地图按区域还可以细分为省级服务平台、市级服务平台、县级服务平台等。

3）GIS 工具是指一组具有图形图像数字化、存储管理、查询检索、分析运算、多种输出等功能的 GIS 软件包，即 GIS 平台，例如：SuperMap、ArcGIS、MapGIS、GeoStar 等。

 【巩固拓展】

1. 简述地理信息系统的组成部分及各部分功能。

2. 借助电子地图 APP 查阅自己家乡的信息，试说明哪些是空间特征数据，哪些是属性特征数据。

3. 思考 GIS 工具与专题 GIS、区域 GIS 的区别。

任务 3　认识地理信息系统的基本功能

【问题导入】

问题：地理信息系统能做什么？能解决哪些问题？

地理信息系统的基本功能包括空间数据的采集、编辑与处理、管理与组织、查询与分析和地理信息可视化。

地理信息系统的基本功能（微课视频）

一、空间数据采集

空间数据采集是将 GIS 外部原始数据输入到 GIS 内部，并将这些数据由外部格式转化为系统内部格式，便于系统处理。

随着社会经济和科技的发展，GIS 的数据来源多种多样，例如：地图数据、摄影测量与遥感数据、地面测量所得数据、统计资料、文字资料。对于不同来源的数据应采用不同的数据输入方法，如图 1-8 所示。

对于地面测量方式（例如：GNSS、全站仪）得到的 GIS 数据源，通过数字测图软件系统、GIS 数据采集系统导入，它适用于小范围的 GIS 数据采集；摄影测量和遥感数据通过全数字摄影测量工作站、遥感影像处理系统处理后，导入到 GIS 中；纸质地图则通过数字化仪、扫描仪等方式导入；其他的统计资料、文字资料则可以通过鼠标、键盘等导入；对于已存在于其他 GIS 工具中的数据，可以通过数据交换方式采集，例如 SuperMap 软件系统设计了 ArcGIS 的 shape 文件导入接口，因此 shape 文件数据可以直接导入到 SuperMap 软件系统中。

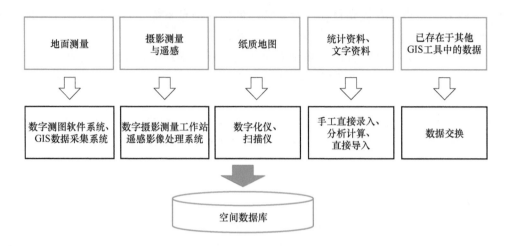

图 1-8　不同来源的空间数据采集方式

二、空间数据编辑与处理

1. 空间数据编辑

空间数据编辑是 GIS 软件系统的重要功能，其目的是检查和纠正数据采集中的错误，包括由地图或影像数字化后产生的错误，以及由其他格式转换过来的数据错误。例如，多边形不闭合、节点不吻合、碎屑多边形等空间特征错误（图 1-9），属性数据（如道路名称、等级）错误。空间数据的编辑包括空间特征数据编辑和属性特征数据编辑。GIS 软件平台都提供了功能强大的编辑工具，如图 1-10 所示。

a) 多边形不闭合　　　b) 节点不吻合　　　c) 碎屑多边形

图 1-9　空间特征数据错误举例

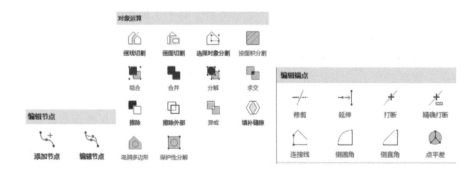

图 1-10　SuperMap 中的编辑工具

2. 空间数据处理

输入到 GIS 的空间数据有多种不同的来源，它们可能来源于具有不同地图投影、不同坐标系统、不同比例尺或多个不同图幅的地图或遥感影像，它们也可能来源于不同的数字化方法获取，具有不同类型的空间数据结构。在进行 GIS 建设时，需要将它们统一到同一个地图投影、坐标系统和空间数据结构下，使得以不同图层表示的空间数据具有相似的内容详细程度和表示精度，从而构成一个随时可以用于 GIS 分析、显示的综合性空间数据库，这就是空间数据处理功能，主要包括投影变换、坐标变换、空间数据结构转换等，如图 1-11 所示。

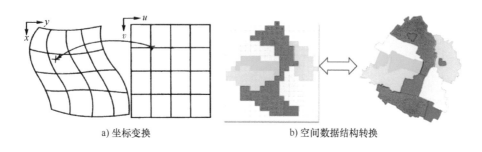

a) 坐标变换　　　　　　b) 空间数据结构转换

图 1-11　空间数据处理

三、空间数据管理与组织

GIS 探测地球表面上各种各样的空间实体，描述它们的数据，包括空间特征数据和属性特征数据。对于具体的 GIS 应用系统，开发人员会针对空间数据特征、用户需求来设计空间数据库管理系统，实现空间特征数据和属性特征数据的浏览、查询、编辑以及数据的导入与导出，从而使数据统一规范，并实现有效管理和组织，如图 1-12 所示。

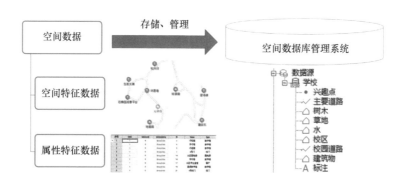

图 1-12　空间数据管理与组织

四、空间数据查询与分析

空间数据查询一般定义为从数据库中找出所有满足约束条件的空间对象，约束条件可能是属性约束条件或空间约束条件。例如，人们在电子地图系统中查找"某某机场"，只要输入名称即可查出它的位置及相关信息。

空间数据分析是 GIS 的核心功能，也是 GIS 区别于其他信息系统的本质特征。空间数据分析是对空间数据的分析技术，可以实现缓冲区分析、叠加分析、网络分析、空间插值、地形分析等功能，来解决与位置有关的实际问题。

如图 1-13 所示，我们可以利用叠加分析、缓冲区分析等功能帮助城市规划人员为新公园选择合适的位置；在旧城改造、道路扩宽工程中，利用缓冲区分析可以确定道路两侧需要拆迁的建筑物；在路径规划中，利用网络分析可根据用户需要设计最佳路径。

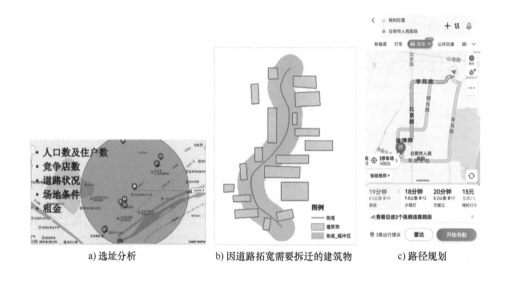

a) 选址分析　　　　b) 因道路拓宽需要拆迁的建筑物　　　　c) 路径规划

图 1-13　空间分析功能举例

五、地理信息可视化

对于许多类型的地理操作结果，GIS 提供了直观的可视化表达方式，包括图形、多媒体地理信息、虚拟现实等，其中，图形包括地图、影像、统计图表等，如图 1-14 所示。

GIS 为了扩展可视化的功能，将 GIS 空间数据与统计图表、照片、视频等数据进行有效的集成，我们不仅能看到丰富的空间信息、统计信息等，还能看到实景信息，真正达到了图文并茂的可视化效果。

【巩固拓展】

1. 简述地理信息系统的基本功能。
2. 举例说明地理信息系统能解决哪些实际问题。

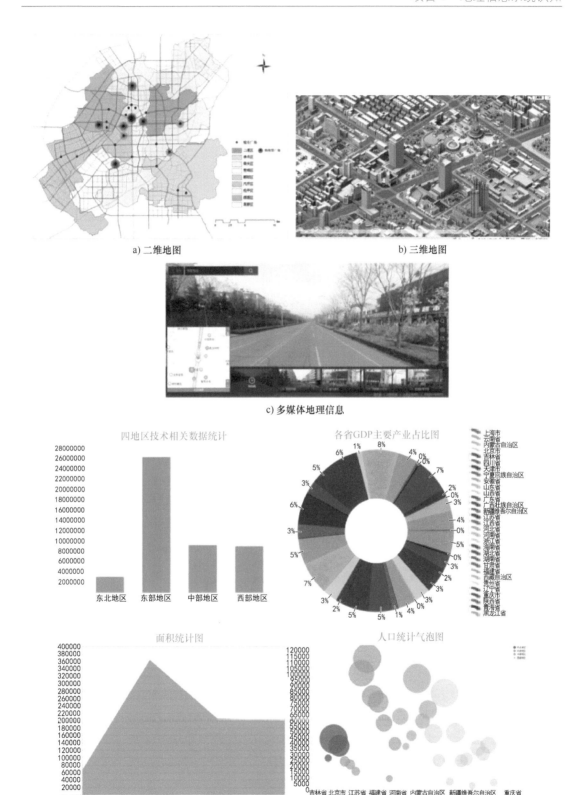

a) 二维地图

b) 三维地图

c) 多媒体地理信息

d) 统计图表（统计数据不包括港澳台）

图 1-14　地理信息可视化

地理信息系统技术应用

任务4　认识地理信息系统的应用领域

【问题导入】

问题1：地理信息系统应用在哪些领域？

问题2：在各应用领域中，地理信息系统能解决哪些问题？

据不完全统计，人类80%左右的信息与地理位置有关，即空间信息。GIS凭借对空间信息的采集、处理、管理、分析、可视化等功能，解决与位置有关的实际问题，具有广泛的应用领域。例如：测绘与地图制图、国土资源管理、城市规划与管理、环境管理、交通运输、医疗卫生、灾害预测评估、大众信息服务、军事等。

地理信息系统的应用领域（微课视频）

一、GIS在测绘与地图制图中的应用

地理信息系统技术源于机助制图，所有的GIS软件都具有计算机制图的功能，并且可以输出普通地图和专题地图，如图1-15所示。近年来，遥感、全球定位系统、无人机技术的快速发展，为GIS实时提供海量的、高精度的地图数据，使得地图的成图周期大大缩短，成图精度大幅度提高，地图的品种更丰富。数字地图、网络地图、电子地图等多种形式的地图为用户带来了巨大的便利。

a) 普通地图　　　　　　　　b) 专题地图

图1-15　地图

【素养提示：规范使用地图、一点都不能错】

地图具有严肃的政治性、严密的科学性和严格的法定性，在经济建设、科学研究、文化教育等各个领域发挥着重要作用。代表一个国家行使主权疆域的国家版图，体现了国家主权意志和在国际社会中的政治、外交立场，同国旗、国徽、国歌一样，是国家的象征，一点都不能漏，一笔都不能错！熟悉国家版图，维护国家领土完整，是每个公民应尽的责任和义务。

随着各类地图使用量的增加，错绘国界线、漏绘我国重要岛屿等“问题地图”依然存在且快速传播，部分地图登载了不宜公开甚至涉密的内容，损害了国家主权、安全和利益。为此，我们在制作、印刷、发布地图时，要严格遵循《中华人民共和国测绘法》《地图管理条例》《地图审核管理规定》等法律、条例文件规定，一点都不能错。在引用地图时，应选用自然资源部和各地自然资源部门提供的标准地图。

二、GIS 在国土资源管理中的应用

在国土资源管理中，GIS 对不同比例尺、不同类型、不同专题的空间数据进行统一管理，实现国土资源数据的高效集成和综合应用。

例如，国土资源“一张图”工程（图 1-16）是将遥感影像、土地利用现状、基本农田、遥感监测、土地变更调查以及基础地理信息等多源信息的集合，与国土资源的计划、审批、供应、补充、开发、执法等行政监管系统叠加，共同构建统一的综合监管平台，实现资源开发利用的“天上看、网上管、地上查”，从而实现资源动态监管的目的。

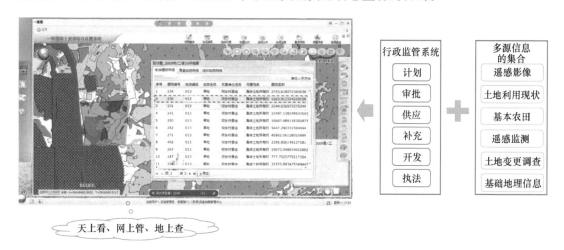

图 1-16　国土资源“一张图”工程

三、GIS 在城市规划与管理中的应用

在城市规划与管理领域，GIS 可以辅助城市规划编制管理、海量数据管理、规划监察，进行空间信息的三维可视化，如图 1-17 所示。

1. 城市规划编制管理

城市规划中有许多规划模型，例如：选址模型、区位-配置模型、元胞自动机模型、城市建设用地适宜性评价的多准则决策模型等。这些模型与地理信息系统相结合，完成复杂的空间决策问题，主要包括以下几个方面：城市空间扩展和城市景观格局分析与研究、城市建设用地适宜性评价、城市公共设施选址研究、城市交通网络研究等。

2. 海量数据管理

城市规划管理信息系统拥有基于 GIS 的规划空间数据库、综合信息平台，存储和管理海量空间数据，形成统一、集成、共享的数据库系统和电子化协同工作机制。

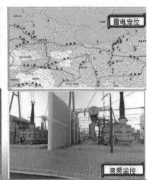

a) 城市规划编制管理　　　　　　　　　　b) 海量数据管理

c) 根据遥感影像进行规划监察　　　　　　d) 三维可视化

图 1-17　GIS 在城市规划与管理中的应用

3. 规划监察

通过对不同时相的卫星影像进行对比分析，将不同时相的卫星影像变化区域处理成变化图斑，根据变化图斑的面积分级分色显示，执法监督局通过网络在线系统，浏览卫星影像和不同色彩的变化图斑，根据变化图斑到现场进行坐标、面积等技术指标的详细测量，再结合规划数据和审批数据，对变化图斑进行进一步核实，完成违法建设的查处，同时在系统中记录查处的整个过程，为规划监察提供辅助支持。

4. 三维可视化

规划设计和管理人员可以借助 GIS 三维可视化表达的功能，管理大量的一维、二维、三维空间信息和属性信息，海量的地形、影像、三维模型及其纹理数据，实时、交互地观察不同方案在城市环境中的效果，从不同角度对不同方案进行比较，从而为在空间角度上评价建筑提供更加直接、有效的手段。

四、GIS 在环境管理中的应用

据统计，环境信息 85% 以上都与空间位置有关，在 GIS 技术支持下，环境管理人员可以方便地获取、存储、管理和显示各种环境信息，从而对环境进行有效的监测、模拟、分析和评价，为环境管理工作提供全面、及时、准确和客观的信息服务和技术支持。

信息丰富多样的动态的电子地图，实现了环境数据可视化（图 1-18），使环境主管部门对各种环境要素的管理变得直观、简单和轻松。将环境应用模型与 GIS 集成一体，为环境规划提供更强大的技术手段，更好地考虑和评价建设项目对环境的影响，这在建设项目的环境评价中得到广泛应用。借助 GIS 的规划功能，可以对危险物的转移运输线路进行优化选择，能避开人口集中的居住区、饮用水源地等环境敏感区域。借助 GNSS 与 GIS 的结合技术可以对危险物的运输线路进行实时监控。

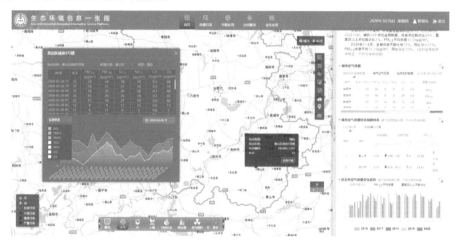

图 1-18　GIS 在环境管理中的应用

五、GIS 在大众信息服务中的应用

GIS 在大众信息服务方面提供基础的地理信息服务，典型应用是电子地图系统（图 1-19）。例如，百度地图为用户提供地图浏览、地名搜索、信息查询功能，智能路线规划、智能导航（公共交通、驾车、步行、骑行等）、实时路况等出行服务，成为我们生活、出行必不可少的工具。

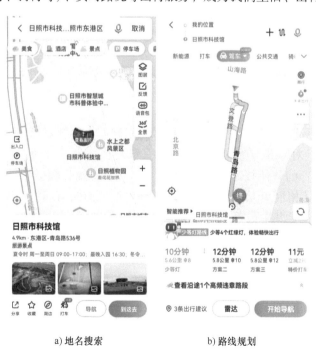

a) 地名搜索　　　　　　b) 路线规划

图 1-19　电子地图系统

大到国家战略，小到个人出行，GIS 已经走入人们生活的各个方面，已经成为我们生活的一部分。各行各业的地理信息技术应用推动 GIS 技术的快速发展，也促使 GIS 服务更加广泛和深入。

 【巩固拓展】

1. 描述 GIS 的应用领域及在这些领域中发挥的作用。

2. 阅读《中华人民共和国测绘法》《地图管理条例》等法律、条例，借助思维导图描述规范使用地图的相关内容和要求。

任务5 认识地理信息系统的发展状况

 【问题导入】

问题1：地理信息系统是何时产生的？发展状况如何？

问题2：与国际相比，我国地理信息系统的发展状况如何？

一、GIS 在国际上的发展状况

国际上地理信息系统的发展分为以下四个阶段：

1. 开拓发展阶段（20 世纪 60 年代）

地理信息系统的
发展（微课视频）

20 世纪 60 年代初，计算机得到广泛应用后，很快就被应用于空间数据的存储和处理，使计算机成为地图信息存储和计算处理的设备，将很多地图转换为能被计算机利用的数字形式，出现了地理信息系统的早期雏形。1963 年，加拿大测量学家 R. F. Tomlinson 首先提出了"地理信息系统"这一术语，并建立了世界上第一个地理信息系统（CGIS），用于自然资源的管理和规划。

当时的地理信息系统软件研制受计算机硬件的限制，主要针对具体的 GIS 应用进行。到 20 世纪 60 年代末，针对 GIS 一些具体功能（如矢栅转换技术、自动拓扑编码以及多边形中拓扑误差检测等方法）的软件技术有了较大进展，可以实现分幅数据的自动拼接和地图数据的拓扑编辑，开创了格网单元的操作方法，发展了许多面向格网的系统，例如，哈佛大学的 SY-MAP 系统软件就是其中最著名的一例。由于当时计算机水平有限，这一时期 GIS 软件的算法尚显粗糙，图形功能有限，使得 GIS 带有更多的机助制图色彩，地学分析功能极为简单。

这一时期，相关的组织和机构的纷纷建立为 GIS 的发展奠定了良好的基础。例如，美国的城市和区域信息系统协会（URISA）在 1966 年成立，国际地理联合会（International Geographical Union，IGU）的地理数据遥感和处理小组委员会在 1968 年成立，美国的城市信息系统跨机构委员会（UAAC）在 1968 年成立，美国的州信息系统全国协会（NASIS）在

1969 年成立。这些组织和机构相继组织了一系列地理信息系统的国际讨论会。

2. 巩固发展阶段（20 世纪 70 年代）

进入 20 世纪 70 年代以后，计算机硬件、软件技术飞速发展，尤其是大容量存取设备——硬盘的使用，为空间数据的录入、存储、检索和输出提供了强有力的手段。用户屏幕和图形图像卡的发展，增强了人机对话和高质量图形显示功能。一些发达国家先后建立了许多不同专题、不同规模、不同类型的地理信息系统，例如，美国森林调查局发展了全国林业统一使用的资源信息显示系统，地质调查局发展了多个地理信息系统，如用于获取和处理地质、地理、地形和水资源信息的典型的 GIRAS；日本国土地理院从 1974 年开始建立数字国土信息系统，存储、处理和检索测量数据、航空相片信息、行政区划、土地利用、地形地质等信息，为国家和地区土地规划服务；瑞典在中央、区域和市建立了许多信息系统，比较典型的有区域统计数据库、道路数据库、土地测量信息系统、斯德哥尔摩地理信息系统、城市规划信息系统等；法国建立了地理数据库 GITAN 系统和深部地球物理信息系统等。

此外，探讨以遥感数据为基础的地理信息系统逐渐受到重视，例如，将遥感纳入地理信息系统的可能性、接口问题以及遥感支持的信息系统的结构和构成等问题；美国喷气推进实验室（JPL）在 1976 年研制成功了兼具影像数据处理和地理信息系统功能的影像信息系统（Image Based Information System，IBIS），可以处理 Landsat 影像多光谱数据；美国宇航局的地球资源实验室在 1979 年至 1980 年发展了一个名为 ELAS 的地理信息系统，该系统可以接受 Landsat MSS 影像数据、数字化地图数据、机载热红外多波段扫描仪以及海洋卫星合成孔径雷达的数据等，产生地面覆盖专题图。

3. 推广应用阶段（20 世纪 80 年代）

随着计算机软硬件技术的发展和普及，功能较强的微型计算机系统的普及，图形输入、输出和存储设备的快速发展，大大推动了地理信息系统软件的发展。例如，在栅格扫描输入的数据处理方面，大大提高数据输入的效率；在数据存储和运算方面，软件处理的数据量和复杂程度大大提高；遥感影像的自动校正、实体识别、影像增强和专家系统分析软件明显增加；在数据输出方面，与硬件技术相配合，GIS 软件可支持多种形式的地图输出；在地理信息管理方面，适合 GIS 空间关系表达和分析的空间数据库管理系统也有了很大的发展。

4. 蓬勃发展阶段（20 世纪 90 年代至今）

进入 20 世纪 90 年代，随着地理信息产业的建立和数字化信息产品在全世界的普及，地理信息系统深入到各行各业乃至各家各户，成为人们生产、生活、学习和工作中不可缺少的工具和助手。地理信息系统已成为许多机构必备的工作系统，尤其是政府决策部门。随着社会对地理信息系统的认识的提高、需求的增加，地理信息系统的应用不断扩大与深化。国家级乃至全球性的地理信息系统已成为公众关注的问题。

二、GIS 在国内的发展状况

1. 准备阶段（20 世纪 70 年代）

20 世纪 70 年代，我国开始地理信息系统舆论准备，正式提出倡议，并开始组建队伍、培训人才，组织个别实验研究。1974 年我国开始引进美国地区资源卫星图像，开

展了遥感图像处理和解译工作。1976 年召开了第一次遥感技术规划会议。1977 年诞生了第一张由计算机输出的全要素地图。1978 年，国家计划委员会在黄山召开了第一届数据库学术讨论会。机助制图和遥感应用为 GIS 的研制和应用做了技术上和理论上的准备。

2. 起步阶段（1981—1985 年）

此阶段我国在地理信息系统方面完成了一系列的工作，包括技术引进、数据规范和标准的研究、空间数据库的建立、数据处理和分析算法以及应用软件的开发，对 GIS 进行了理论探索和区域性的实验研究。在全国大地测量和数字地面模型建立的基础上，建成了 1∶100 万国土基础信息系统和全国土地信息系统，1∶400 万全国资源和环境信息系统，1∶250 万水土保持信息系统。

3. 初步发展阶段（1986 年到 20 世纪 90 年代中期）

我国 GIS 的研究和应用进入有组织、有计划、有目标的阶段，逐步建立了不同层次、不同规模的组织机构、研究中心和实验室，地理信息系统的研究被列入国家"七五"攻关课题，并且作为一个全国性的研究领域。1994 年，中国 GIS 协会在北京成立。中国科学院于1985 年开始筹建国家资源与环境系统实验室，它是一个新型的开放性研究实验室。在这一阶段，GIS 研究逐步与国民经济建设和社会生活需要相结合，取得了重要进展和实际应用效益。主要表现在：制定了国家地理信息系统规范，解决信息共享和系统兼容问题；应用型GIS 发展迅速；在引进的基础上扩充和研制了一批软件；开始出版有关地理信息系统理论、技术和应用等方面的书籍，并积极开展国际合作，参与全球性地理信息系统的讨论和实验。1992 年 10 月，联合国经济发展部（UNDESD）在北京召开了城市 GIS 学术讨论会，对指导、协调和推动我国 GIS 发展起了重要的作用。同时，全国许多行业、部门和部分省市积极发展各自专业 GIS 和区域 GIS，上海、北京、深圳、海口、三亚等大中城市都在积极建设城市 GIS。

4. 快速发展阶段（20 世纪 90 年代末至今）

20 世纪 90 年代末，我国 GIS 理论日趋成熟，在技术研究、成果应用、人才培养、软件开发等方面进展迅速，应用日益广泛，力图将 GIS 从初步发展时期的研究实验、局部应用，推向实用化、集成化、工程化，使之成为国民经济建设普遍使用的工具，并在各行各业发挥重要作用。此时，地理信息系统的技术发展促使人们进一步思考和探讨与地理信息系统发展有关的理论和方法，不少研究者对 GIS 设计的理论与方法、地理数据采集与数据精度、数据结构与不同数据转化算法、数据库的设计与建立、分析模型和数字地图制图等进行了研究，3S 集成应用、时态 GIS、三维 GIS、WebGIS 正逐步走向应用，GIS 市场开始形成，GIS 产业化发展步入正轨。至 1998 年，国产 GIS 软件已经打破国外软件垄断的局面，在国内市场占有率达 25%以上。从 1998 年开始，我国开始在城建系统、电力系统建立利用国产 GIS 软件的示范应用工程。

在应用地理信息系统解决实际问题时引入了专家系统技术，将它与地理信息系统相结合，建立面向不同领域的地学专家系统，以解决复杂问题。主要案例有基于地理信息系统的地图设计专家系统研究、新疆土壤系统分类专家系统及其开发工具研究、长沙旅游咨询专家系统、勘探地下水专家系统、汾河防洪专家系统等。

总之，我国的 GIS 起步较晚，但发展十分迅速，在 GIS 的理论研究、软件开发、生产应用和产业发展等方面都取得了突出的成就，目前已经深入到各行各业，成为我们生活、工作必不可少的一部分。

三、GIS 的发展趋势

GIS 是多学科交叉的边缘学科，相关领域的研究热点都有可能成为 GIS 的发展趋势。这里从以下 3 个方面来说明相关领域发展所带来的 GIS 发展趋势。

1. 数据获取

倾斜摄影测量，近景摄影测量，影像智能识别，智能数据匹配，定位技术尤其是室内、高精度、小型化设备的定位技术发展，空间信息向地下、深海、深空拓展，这些相关技术的发展，为 GIS 提供增量数据源，推动了数据获取技术的发展。

2. 数据处理与分析

数据处理与分析的发展与大数据、人工智能、云计算等信息技术有密切的联系。随着 NoSQL（非关系型数据库）、分布式存储、空间数据模型等的发展，GIS 数据的管理模型有望获得统一。随着大数据、云计算的发展，GIS 数据能够与很多行业数据进行交叉，行业的评价、统计、分析指标都加入了位置参数。在数据大爆炸的时代，数据挖掘后形成的多层次指标，让 GIS 信息冲破了地图这一边界。向上，GIS 可以参与到各类宏观决策当中，突破区域、时间的限制；向下，GIS 可以具象每一个细小的抽象空间，进入物质内部，描述每一个微小的位置变化。计算技术的发展使 GIS 的分析速度更快，更复杂计算的可能性在逐渐增大，使数据分析呈现实时化（例如：自动驾驶）和深度化（例如：基于真实场景的游戏）。

3. 数据呈现

数据呈现不再限于地图、手机 APP、Web 应用程序等，通过建模展现无限扩张的三维空间，VR 和 AR 技术的支持使得模型越来越接近真实，精彩纷呈的 Web 地图内容更丰富、更好看、更艺术，想看什么就看什么，地图可以变成我们喜欢的风格。在专业领域应用方面，所有与位置有关的空间信息，GIS 都会轻松呈现。

【素养提示：积极学习新技术、新方法，推动 GIS 创新应用】

GIS 技术伴随着云计算、物联网、大数据、人工智能、移动互联网等信息技术、测绘技术，以及应用领域技术的发展而快速发展，并以开放融合之势在各领域"遍地开花"。作为 GIS 技术人员，应不断更新知识，学习新技术、新方法、新设备，推动 GIS 创新应用，促进 GIS 技术的发展，满足各行业应用需求。

【巩固拓展】

1. 以时间为轴线，描述国内、国际 GIS 发展的状况。
2. 简述 GIS 的发展趋势及推动 GIS 发展的因素。

任务6 认识 SuperMap GIS 软件

 【问题导入】

问题1：SuperMap GIS 软件具备哪些功能？

问题2：初识 SuperMap GIS 软件，如何开启使用？

1.6.1 SuperMap GIS 软件的简介

SuperMap GIS 是北京超图软件股份有限公司自主研发的、具有自主知识产权的国产化大型 GIS 基础软件系列，是二三维一体化的空间数据采集、存储、管理、分析、处理、制图与可视化的工具软件，更是赋能各行业应用系统的软件开发平台。SuperMap GIS 包含云 GIS 服务器、边缘 GIS 服务器、端 GIS 以及在线 GIS 平台等多种软件产品，如图 1-20 所示。

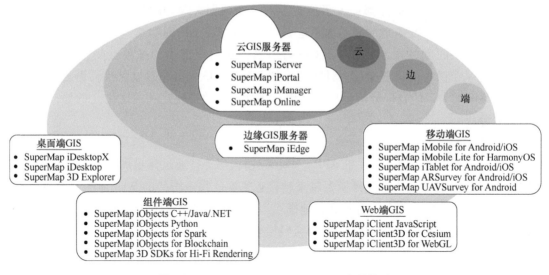

图 1-20　SuperMap GIS 11i（2022）产品体系

SuperMap GIS 11i 融入人工智能（AI）技术，创新并构建了 GIS 基础软件"BitDC"五大技术体系，即大数据 GIS、人工智能 GIS、新一代三维 GIS、分布式 GIS 和跨平台 GIS，极大地丰富和革新了 GIS 理论与技术，为各行业信息化赋能更强大的地理智慧。

一、云 GIS 服务器

1. SuperMap iServer——服务器 GIS 软件平台

SuperMap iServer 是基于高性能跨平台 GIS 内核、分布式、可扩展的服务器 GIS 软件开发平台，提供全功能的 GIS 服务发布、管理与聚合功能，并支持多层次的扩展开发。提供强大的空间大数据、GeoAI 和三维等相关的 Web 服务，支持海量的矢量、栅格数据"免切片"发布。深度融合微服务、容器化编排等，提供多种 SDK（软件开发工具包），助力构建微服务架构的云原生 GIS 应用系统。

2. SuperMap iPortal——GIS 门户软件平台

SuperMap iPortal 是集 GIS 资源整合、搜索、共享和管理于一体的 GIS 门户软件平台，具备零代码快速建站、多源异构服务注册、多源服务权限控制等功能。提供丰富的 Web 端应用，可以进行专题图制作、三维可视化、分布式空间分析、数据科学分析、大屏创建与展示等操作。作为云边端一体化 GIS 平台的用户中心、资源中心、应用中心，可快速构建 GIS 门户站点。

3. SuperMap iManager——GIS 运维管理软件平台

SuperMap iManager 是全面的 GIS 运维管理软件平台，可用于应用服务管理、基础设施管理、大数据管理。提供基于 Kubernetes（一种容器编排引擎，简称 K8s）的云原生 GIS 解决方案，可一键创建并运维面向云原生的大数据、AI 与三维 GIS 系统等，实现细粒度的动态伸缩和灵活部署。可监控多个 GIS 数据存储、计算与服务节点及其他 Web 站点，监控硬件资源占用、地图访问热点、节点健康状态等指标，实现 GIS 系统的一体化运维管理。

二、边缘 GIS 服务器

GIS 边缘软件平台部署在靠近客户端或数据源一侧，实现就近服务发布与实时分析处理，可降低响应延时和带宽消耗，减轻云 GIS 中心压力。提供高效的服务发布能力，支持海量矢量数据快速发布。可作为 GIS 云和应用终端间的边缘节点，通过服务代理聚合与缓存加速技术，有效提升云 GIS 的终端访问体验，并提供智能内容分发和高效边缘分析处理功能，助力构建更高效智能的云边端一体化的 GIS 应用系统。

三、桌面端 GIS

1. SuperMap iDesktop

SuperMap iDesktop 桌面 GIS 软件平台，具备二三维一体化的数据管理与处理、编辑、制图、分析、二三维标绘等功能，支持海图，支持在线地图服务访问及云端资源协同共享，可用于空间数据的生产、加工、分析和行业应用系统快速定制开发。

2. SuperMap iDesktopX

SuperMap iDesktopX 桌面 GIS 软件平台，支持 Linux、Windows 等主流操作系统，原生支持全国产化软硬件环境，突破了专业桌面 GIS 软件只能运行于 Windows 的困境。提供空间数据生产及加工、分布式数据管理与分析、地图制图、服务发布、地理处理建模、机器学习、AR 地图等功能，用于数据生产、加工、处理、分析及制图等功能，如图 1-21 所示。

四、组件端 GIS

1）SuperMap iObjects C++、SuperMap iObjects Java 是大型全组件式 GIS 软件开发平台，提供跨平台和二三维一体化功能，适用于 C++、Java 开发环境。

2）SuperMap iObjects. NET 是大型全组件式 GIS 软件开发平台，提供二三维一体化功能，适用于 . NET 开发环境。

3）SuperMap iObjects Python 是开箱即用的 GIS 软件开发平台，提供空间数据组织、转

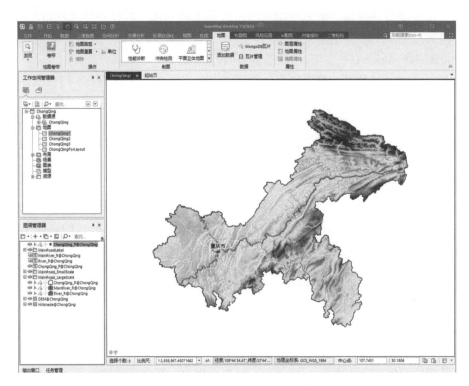

图 1-21   SuperMap iDesktop X 界面

换、处理与分析功能，适用于 Python 开发环境。

4）SuperMap iObjects for Spark 是基于分布式技术的大数据 GIS 软件开发组件，提供丰富的大数据分布式管理与分析功能，适用于 Spark 架构的计算和开发环境。

5）SuperMap iObjects for Blockchain 是基于分布式技术的空间区块链 GIS 软件开发组件，提供空间数据上链、链上管理功能，适用于 Fabric 架构的计算和开发环境。

6）SuperMap Hi-Fi 3D SDK for Unreal/Unity 是基于新一代三维 GIS 技术与 Unreal Engine、Unity 两款游戏引擎深度融合的可编程、可扩展、可定制的开发平台，支持多种海量 GIS 空间数据的本地、在线浏览，支持量算、三维空间分析、三维空间查询等 GIS 功能，提供炫酷、实用的效果和应用体验，支持数字孪生、智慧城市等行业应用系统快速定制开发。

五、移动端 GIS

1）SuperMap iMobile for Android/iOS 即全功能移动 GIS 软件开发平台，是专业级全功能移动 GIS 软件开发平台，支持二维和三维应用开发，支持在线应用，支持功能离线应用。

2）SuperMap iTablet for Android/iOS 即全功能移动 GIS APP，基于 SuperMap iMobile 开发，支持指划制图、模板化数据采集、数据分析、三维数据展示，同时也具备室内外一体化导航、目标识别检测等功能，支持扩展开发，可用于行业应用系统快速定制开发。

3）SuperMap ARSurvey for Android/iOS 即轻量级移动 GIS APP，是以 AR 为主的轻量级移动 GIS APP，基于 SuperMap iMobile for RN 框架开发，支持 AR 实景量算、AR 数据采集、AR 地图制作，同时也具备 AR 定位、导航、分析等功能，可用于室内外高精度数据采集、

AR 实景浏览、导航等应用。可在苹果 APP Store、华为应用市场、小米应用市场等各大应用市场下载获取。

六、Web 端 GIS

SuperMap iClient JavaScript 即 Web 端 GIS 软件开发平台，是 GIS 网络客户端开发平台，基于现代 Web 技术构建，是 SuperMap GIS 和在线 GIS 平台系列产品的统一 JavaScript 客户端。

SuperMap iClient3D for WebGL 即三维客户端开发平台，是基于 WebGL 技术实现的三维客户端开发平台，可用于构建无插件、跨操作系统、跨浏览器的三维 GIS 应用程序。

【素养提示：发展自主可控的 GIS 平台，为国家地理信息安全保驾护航】

地理信息产业是集测绘技术、空间技术、信息技术等高新前沿技术于一身的技术密集型产业。如果没有关键核心技术的自主创新，没有科技的自立自强，维护国家地理信息安全也会成为一句空话。打造国产化的 GIS 平台，不断创新优化做到真正的自主可控，正是维护国家地理信息安全的关键所在。

1.6.2　技能操作：进行 SuperMap iDesktop 软件基本操作

一、任务布置

利用 SuperMap iDesktop 软件对空间数据进行管理、组织、浏览、可视化、布局设计等操作。通过任务的实施使学习者认识软件界面、功能和应用，学会 GIS 软件基本操作，为后续任务的开展奠定基础。

二、操作示范

1. 操作要点

1）安装软件。

2）打开软件，认识界面。

3）对数据源进行操作，例如，新建数据源、导入数据集、新建数据集等。

4）将数据集添加到地图窗口，对数据集进行编辑等操作。在地图窗口中对图层显示风格进行设置。保存地图。

5）新建布局，添加地图。为地图添加图名、比例尺、指北针、图例等要素。

SuperMap iDesktop 软件基本操作（操作视频）

6）保存工作空间。

2. 注意事项

1）数据集、数据源、工作空间的删除操作是不能恢复的，因此，在对它们执行删除操作时，一定要慎重。

2）工作空间文件用于保存、记录当前工作状态，包括地图渲染结果、布局设计结果等内容，当项目完成或者工作告一段落时，注意保存工作空间，以便后续工作在此基础上继续展开。随时保存工作空间，也能防止计算机出现异常而导致前面的工作丢失现象的发生。

【素养提示：养成保存、备份空间数据的好习惯】

工作一开始就要养成好的习惯，正如教育家叶圣陶先生所说："积千累万，不如养个好习惯。"及时保存、备份空间数据能有效防止系统意外关闭而导致数据丢失现象的发生，从而避免不必要的麻烦和损失。

三、任务实施

1）扫描二维码并下载数据。
2）认识软件操作界面。
3）对数据源、数据集进行操作。
4）制作简单的地图。
5）进行布局设计。
6）保存工作空间。

SuperMap iDesktop
软件基本操作（实
验数据）

四、任务检查

以小组为单位，小组成员互相检查任务完成情况；指导、帮助没有完成的或成果存在错误的同学完成任务、修正错误。

五、成果提交

将任务成果（数据源文件和工作空间文件）提交至指导教师处。

六、任务评价

姓名：		班级：	学号：		
评价项目		评价指标		分值	得分
任务完成情况		1. 成果包含工作空间文件、数据源文件		10	
		2. 工作空间文件中数据源、地图、布局等显示正常		20	
成果质量	地图设计	3. 图层按点要素、线要素、面要素，从上到下顺序显示		10	
		4. 各图层简单的风格设计，例如：点状、线状、面状等符号		10	
		5. 图层色彩搭配基本合理		5	
		6. 具有简单的文字注记		5	
		7. 图面整体清晰		10	
	布局设计	8. 布局中要素完整，包含：主图、图名、图例、指北针、比例尺等要素		20	
		9. 布局设计中注意突出主图，布局设计要合理		10	
合计				100	

【巩固拓展】

1. 简述桌面端 GIS 软件的基本功能。
2. 查阅资料，就市场上主流的几款 GIS 软件进行功能对比，简述各自优势和劣势。

【项目总结】

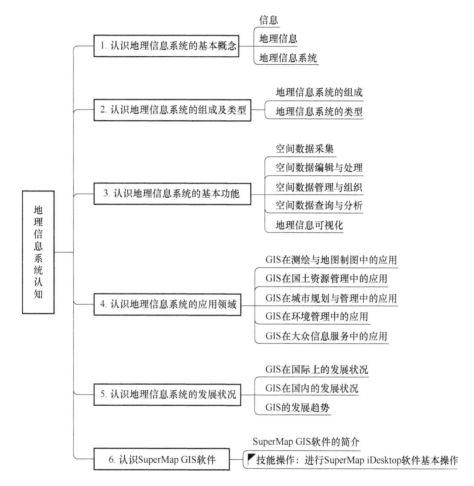

【项目评价】

1. 知识评价

扫描二维码，完成理论测试。

2. 技能评价

以"1.6.2 技能操作：进行 SuperMap iDesktop 软件基本操作"中任务评价结果作为本项目技能评价的结果。

项目 1 知识评价

3. 素质评价

评价内容	评价标准
地理信息安全意识	具备地理信息保密与安全意识，自觉维护国家安全
国家版图意识	快速识别"问题地图"，具备国家版图完整意识
规范使用地图意识	在制作、印刷、发布地图时，要严格遵循《中华人民共和国测绘法》《地图管理条例》《地图审核管理规定》等法律、条例文件规定，一点都不允许出错
	在引用地图时，应选用自然资源部和各地自然资源部门提供的标准地图
职业自豪感	GIS 技术功能强大，广泛应用在各行各业解决人们跟位置有关的问题，树立 GIS 技术服务意识和职业自豪感

【大赛直通车】

SuperMap 杯高校 GIS 大赛简介

1. 大赛名称及赛项名称

（1）大赛名称　SuperMap 杯高校 GIS 大赛

（2）赛项名称　该大赛分五个组，分别是：制图组、分析组、论文组、开发组、命题开发组。

2. 竞赛意义

SuperMap 杯高校 GIS 大赛是一项面向大学生，聚焦 GIS 领域的创新型科技竞赛，通过搭建开放型的竞赛平台，提供了严谨、创新的赛制和公正、权威的舞台。

大赛旨在为 GIS 专业学生提供更多的实践和展示机会，培养学生的空间思维能力，提高其 GIS 专业理论水平以及实际动手能力，从而为促进学生就业、高校教学以及科研成果转化打下基础，为 GIS 产业的持续发展培养和储备大量的优秀人才。

3. 竞赛内容

1）制图组。自由选题，内容不限。通过数据的加工处理和制图的表达手段，创作具有特色风格的专题平面地图。

2）分析组。自由选题，内容不限。通过对空间数据的分析和挖掘，解决行业应用和日常生活中的实际需求。

3）论文组。基于 GIS 的学术和应用研究，如应用案例和行业解决方案、二三维一体化的应用技术、发展现状与趋势研究、大数据和人工智能等新兴技术的应用、开发技巧和心得等。可由毕业论文的转化成果参赛，并可参评"毕业论文奖"。

4）开发组。自由选题，内容不限。结合当前的主流 GIS 技术，设计并开发应用系统，体现 GIS 在各个领域的应用价值。

5）命题开发组。统一命题，提供数据，根据题目要求完成 GIS 应用系统的功能开发。

4. 竞赛基本要求

1) 作品必须为原创，版权归属原作者，大赛组委会有权公示和宣传。

2) 如有参考或引用，请注明。

3) 如参赛作品基于往届作品再次提交，需特别说明本次提交作品的更新点与创新性。

5. 其他

大赛详细赛制规则，请访问 https://www.supermap.com/zh-cn/a/news/list_9_1.html。

项目 2

空间数据库创建

【项目概述】

　　空间数据是 GIS 处理的对象。空间数据如何在计算机中表示？GIS 如何进行空间数据的管理和组织？这是本项目要解决的问题。主要内容包括：认识地理空间及其表达方式、认识矢量数据结构、认识栅格数据结构、认识空间数据库、认识空间数据管理与组织方式、进行空间数据库的创建。通过学习，让学习者掌握地理空间及其表达方式，认识空间数据结构即矢量结构和栅格结构，能够利用空间数据库管理系统进行空间数据管理和组织，能进行空间数据库的创建，例如：基础地理信息数据库、全国土地调查数据库、不动产登记数据库。为后续学习"空间数据采集与处理"项目打下基础。

【知识目标】

1. 掌握地理空间及其表达方式。
2. 掌握矢量数据结构和栅格数据结构的概念、编码方式。
3. 掌握空间数据库的概念。
4. 理解空间数据管理模式。
5. 掌握一种 GIS 软件中空间数据的管理和组织方式。

【技能目标】

1. 能识别矢量数据和栅格数据，能描述矢量数据与栅格数据的优缺点。
2. 结合实际项目，能进行空间数据库的创建。

【素质目标】

1. 具备科学思维，利用科学方法认识和表达地理空间、空间实体。
2. 建立探索未知、勇攀科技高峰的科技报国意识。
3. 利用"普遍联系与永恒发展"的马克思主义哲学思想，认识空间数据模型，分析空间数据库的发展。

任务 1　认识地理空间及其表达方式

【问题导入】

　　问题1：什么是地理空间？地理空间如何表达？
　　问题2：空间实体如何表达？

一、地理空间及其表达

1. 地理空间

地理空间实体及其
表达（微课视频）

地理空间是指地球表面及近地表空间，是上至大气电离层，下至地幔莫霍面，是自然地理过程和生命及人类活动最活跃的场所。

空间实体是 GIS 研究的客体，存在于地理空间；想要在地理空间中准确表示空间实体的位置，需要采用一种空间定位框架来实现。地理空间的定位框架就是地球空间参考系统。

地球的表面具有高山、平原、峡谷等复杂地形地貌，形状起伏不平，很难直接用数学模型来表达。而测量和制图等实际工作需要使用数学模型来表示地球表面。为实现对地球表面的数学建模，可以使用近似曲面对地球自然表面进行化简。地球自然表面近似于平均海平面延伸至大陆所形成的连续封闭曲面，该封闭曲面就称为"大地水准面"。大地水准面的形状不规则，但却唯一。由于大地水准面与扁率很小的椭球面非常接近（图 2-1），因此椭球面可用于描绘地球的近似形状，把能描述地球大小和形状的近似数学封闭曲面，就称为"地球椭球面"。地球椭球面围成的几何体称为地球椭球体。

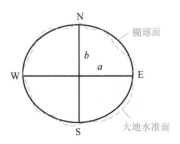

图 2-1 椭球面与大地水准面

【**素养提示：树立科学思维，正确表达现实世界**】

抽象、简化、概括等科学思维方法，是马克思主义哲学认识论辩证思维的基本方法，以科学思维认识现实世界、表达地理空间是测绘地理信息行业人员应具备的基本素质。

通过地球椭球面模拟地球表面，需要确定地球椭球体的形状（长、短轴之间的比值）、大小（长、短轴各自的长度）、原点等相关参数。将形状、大小、定位、定向都确定的地球椭球体称为参考椭球体。

用地球椭球面模拟地球自然表面的形状会产生相应的误差。如果采用同一个地球椭球体模拟全球，那么不同地区的测量值误差有大有小。为使地球椭球面所描述的自然地球表面更加符合国家或地区的实际情形，不同的国家或地区会建立各自的参考椭球体。不同参考椭球体的大地原点、定位、定向等参数各不一样。我国主要采用 1980 年国际大地测量学与地球物理学联合会第十六届大会所推荐的 1975 年椭球参考值。

大地坐标系（图 2-2）是大地测量中以参考椭球面为基准面所建立的坐标系。参考椭球面的确定标志着大地坐标系的建立，则空间上任何一点的大地坐标可以用大地经度 L、大地纬度 B 和大地高 H 来表示。但大地坐标是一种球面坐标，难以进行距离、方向、面积等参数的计算。为此，需要把球面上的点转换到平面上，采用平面直角坐标系。由于地球椭球面是不可伸展的曲面，而曲面上的点不能直接表示在

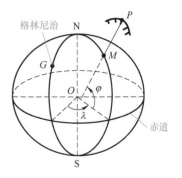

图 2-2 大地坐标系

平面上，需要运用地图投影方法，建立地球表面和平面上点的函数关系，使地球表面上任一个由地理坐标（经度、纬度）确定的点，在平面上有一个与它相对应的点（x，y）。我国采用的高斯投影，如图 2-3 所示。

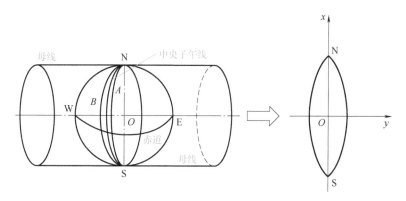

图 2-3　高斯投影与平面直角坐标系

平面直角坐标系建立了对地理空间良好的视觉感，并易于进行距离、方向、面积等空间参数的计算，以及进一步的空间数据处理和分析。因此，地理信息系统中的地理空间，通常是指经过投影后放在平面直角坐标系中的地球表层特征空间，它的理论基础是参考椭球体和地球投影。

2. 我国的坐标系

我国常用的坐标系包括 1954 北京坐标系、1980 西安坐标系、2000 国家大地坐标系和 WGS-84 坐标系。其中，1954 北京坐标系、1980 西安坐标系是参心坐标系，随着 GNSS 等新空间定位技术的发展，构建国家大地坐标系的方法发生了巨大的变化，迫切需要采用原点位于地球质量中心的坐标系统（以下简称地心坐标系）作为国家大地坐标系，因此我国建立了 2000 国家大地坐标系（简称 CGCS2000，如图 2-4 所示）。CGCS2000 于 2008 年 7 月 1 日起使用，2018 年 7 月 1 日起，测绘成果和大地坐标系统都必须统一到 CGCS2000。

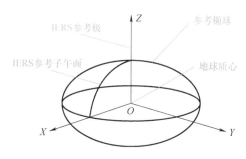

图 2-4　CGCS2000 示意图

CGCS2000 所采用的地球椭球参数如下：

长半轴 a = 6378137m

扁率 f = 1/298.257222101

地心引力常数 GM = $3.986004418 \times 10^{14} \text{m}^3 / \text{s}^2$

自转角速度 ω = $7.292115 \times 10^{-5} \text{rad/s}$

短半轴 $b = 6356752.31414\text{m}$

极曲率半径 $= 6399593.62586\text{m}$

第一偏心率 $e = 0.0818191910428$

3. 高程系统

高程是地面点到大地水准面的铅垂距离，主要用来提供地形信息。我国现行的高程基准是 "1985 国家高程基准"（图 2-5），它是以 1952—1979 年验潮得到的平均海水面为基准面，水准原点位于青岛市观象山上，高程为 72.2604m。

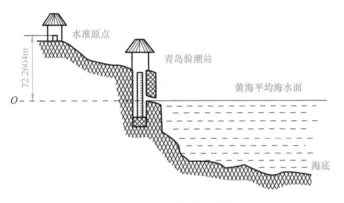

图 2-5　1985 国家高程基准

【素养提示：发扬艰苦奋斗的优良传统，为新时代测绘事业发展添砖加瓦】

我国大地坐标系、高程系统的建立与发展，是我国测绘事业的重大成就，离不开中国共产党的正确领导，也离不开老一辈测绘专家和工作者几十年如一日的艰苦奋斗、无私奉献。在中国特色社会主义新时代，测绘行业虽然涌现出大量的新技术、新方法、新设备，但仍然是一个艰苦的行业，因此，我们要进一步继承、发扬艰苦奋斗的优良传统，为测绘事业发展贡献自己的一份力量。

二、空间实体及其表达

空间实体存在于地理空间，是具有形状、属性和时序特征的空间对象或地理实体，它们构成地球圈层间复杂的地理综合体，也是地理信息系统表示和建库的对象。空间实体形态复杂，信息量大，为此，在地图学上把空间实体抽象为点、线、面，以及相关组合等多种类型，以便存储和应用。

1. 空间实体类型

（1）点状实体　点状实体即零维空间实体。地面上真正的点状事物很少，一般都占有一定的面积，只是大小不同。当从较大的空间规模上来观测地理现象时，就能把它们抽象成点状分布的空间实体，用一个点的坐标来表示其空间位置；如果从较小的空间尺度上来观察这些地理现象，或者说描述它们的真实状态，它们中绝大多数将可以用线状或面状特征进行描述。例如，在小比例尺图上用一个点描述一个城市，在大比例尺地图上则通过表示十分详细的城市道路、建筑物等的分布来描述该城市。

点状实体的质量和数量特征用点状符号来表示，如图 2-6 所示。

图 2-6　点状实体及点状符号

（2）**线状实体**　对地面上呈线状或带状的事物（如交通线、河流、境界线等），均用线状符号来表示，如图 2-7 所示。它们有单线、双线和网状之分。有时，对于线状和面状实体的区分，与不同的空间尺度相关。例如河流，在小比例尺地形图上抽象为线状实体，在大比例尺地形图上则抽象为面状实体。

图 2-7　线状实体及线状符号

（3）**面状实体**　面状实体是指具有大范围连续分布的实体，用面状符号来表示，如图 2-8 所示。面状分布的地理实体很多，有些面状目标有确切的边界，如建筑物、水塘等；有些面状目标在实地上却没有明显的边界，如土壤。面状目标在较小比例尺下也可能用一个点来表示。

图 2-8　面状实体及面状符号

2. 空间实体的表达方式

如前所述，在地理空间中，地理空间实体被抽象成点、线、面要素，分别用点状、线状、面状符号来表示。在计算机中，现实世界是以各种数字和字符形式来表达和记录的，基于计算机的地理信息系统不能直接识别和处理各种以图形形式表达的空间实体，要使计算机能识别和处理它们，必须对这些空间实体进行数据表达。

当对空间实体进行数据表达时，关键看如何表达空间的一个点，因为点是构成地理空间实体的基本元素。如图 2-9 所示，当采用一个有固定大小的点（面元）来表达基本点元素时，称为栅格表示法（图 2-9b）；当采用一个没有大小的点（坐标）来表达基本点元素时，称为矢量表示法（图 2-9a）。它们分别对应于栅格数据模型和矢量数据模型，代表从信息世界观点对现实世界目标的两种不同的数据表达方法，其在功能、使用方法及应用对象上都有一定的差异，这在一定程度上反映出 GIS 表示现实世界的不同概念。

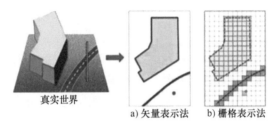

图 2-9　空间实体的两种表达方式

 【巩固拓展】

1. 地理空间如何表达？地理空间实体有哪些类型？地理空间实体如何在计算机中表示？
2. 简述矢量表示法和栅格表示法的区别。

任务 2　认识矢量数据结构

【问题导入】

问题 1：拓扑关系有哪些类型？如何表示？有哪些作用？

问题 2：矢量数据结构如何表示空间实体？如何表示实体之间的拓扑关系？

一、空间实体的拓扑关系

空间实体之间存在着一定的关系，称为空间关系，例如，山东省与河南省、江苏省等邻接，济南是山东省省会城市、在山东省内部，郑州在山东省外部；北京是京沪高速铁路的起点、上海是终点等。这些关系不随地图投影的变换而变换，称为拓扑空间关系。空间关系包括拓扑空间关系、顺序空间关系和度量空间关系。由于拓扑空间关系对 GIS 查询和分析具有重要意义，所以在 GIS 中，空间关系一般指拓扑空间关系，也称为拓扑关系。

空间实体的拓扑关系（微课视频）

1. 拓扑关系的概念

拓扑学研究在拓扑变换下（比如拉伸、压缩等）能够保持不变的几何属性——拓扑属性。

为了得到一些拓扑的感性认识，假设欧氏平面是一张高质量无边界的橡皮，该橡皮能够伸长和缩短到任何理想的程度。想象一下基于这张橡皮所绘制的图形，允许这张橡皮伸长或压缩，但是不能撕破或重叠，这样原来图形的一些属性将保留，而有些属性会丢失。例如，在橡皮表面有一个多边形，多边形内部有一个点，无论对橡皮进行压缩或拉伸，点依然存在于多边形内部，点和多边形之间的空间位置关系不变，而多边形的面积则会发生变化。我们称"点的内置"是拓扑属性，面积则不是拓扑属性，我们称拉伸和压缩这样的变换为拓扑变换。地图投影就是拓扑变换的典型实例，如图 2-10 所示，当投影方式不同，地图投影后的形状也会发生变化。

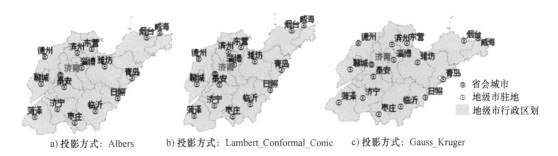

a) 投影方式：Albers   b) 投影方式：Lambert_Conformal_Conic   c) 投影方式：Gauss_Kruger

图 2-10 拓扑变换实例——地图投影

表 2-1 列出了拓扑属性和非拓扑属性。例如，一个点是一个弧段的端点，一个点在区域的边界上，一个点在区域内部，一个点在区域外部等，这些都是拓扑属性。而两点之间的距离，一个点指向另一个点的方向，一个区域的周长或面积等，在拓扑变换下会发生变化，这些则是非拓扑属性。

由于拓扑属性描述了两个对象之间的关系，因此又称为拓扑关系。

表 2-1 拓扑属性与非拓扑属性

拓扑属性	一个点在一个弧段的端点 一个弧段是一个简单弧段（弧段自身不相交） 一个点在一个区域的边界上 一个点在一个区域的内部 一个点在一个区域的外部 一个点在一个环的内部 一个面是一个简单面（面上没有"岛"） 一个面的连续性
非拓扑属性	两点之间的距离 一个点指向另一个点的方向 弧段的长度 一个区域的周长 一个区域的面积

2. 拓扑要素的种类

拓扑要素有三种类型：点（节点）、链（弧段、边）、面（多边形），如图2-11所示。

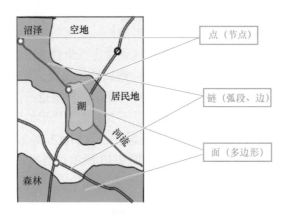

图 2-11　拓扑要素的种类

1）点（节点），是地图平面上反映一定意义的零维图形。例如：孤立点、线要素的端点、连接点、面要素边界线的首尾点。

2）链（弧段、边），是指两节点间的有序线段。例如：线要素、线要素的某一段、面要素边界线。

3）面（多边形），是指一条或若干条链构成的闭合区域。例如：面要素，线要素和面边界围成的区域，如图2-11中的森林、湖泊等。

3. 拓扑关系的种类

如图2-12所示，N1~N5为节点，C1~C7为链，P1~P4为面，这些要素之间存在的拓扑关系主要有三种：拓扑邻接、拓扑关联、拓扑包含。

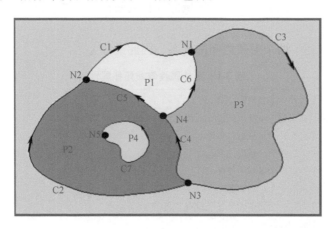

图 2-12　空间实体的拓扑关系

1）拓扑邻接，是指存在于空间图形的同类元素之间的拓扑关系。例如，节点之间邻接关系有N1/N2、N1/N3、N1/N4等；多边形（面）之间邻接关系有P1/P3、P2/P3等。

2）拓扑关联，是指存在于空间图形的不同类元素之间的拓扑关系。例如，节点与链的关联关系有 N1 与 C1、C3、C6，N2 与 C1、C2、C5 等；面与链的关联关系有 P1 与 C1、C5、C6 等。

3）拓扑包含，是指存在于空间图形的同类但不同级的要素之间的拓扑关系，例如：多边形 P2 包含多边形 P4。

4. 拓扑关系的表示方法

如图 2-12 所示的节点、弧段、面之间的拓扑关系，可以用表 2-2 ~ 表 2-5 表示。面与弧段的关系用面和构成面的链关联关系（表 2-2）表示；节点与弧段的关系用节点和通过该节点的弧段之间的关联关系（表 2-3）表示；弧段与节点的关系用弧段和弧段两端的节点的关联关系（表 2-4）表示；弧段与面的关系用弧段和它的左面及右面（表 2-5）表示。

表 2-2　面与弧段的关系

面	弧段
P1	C1，C6，C5
P2	C5，C4，C2，C7
P3	C3，C4，C6
P4	C7

表 2-3　节点与弧段的关系

节点	弧段
N1	C1，C3，C6
N2	C1，C5，C2
N3	C2，C3，C4
N4	C5，C6，C4
N5	C7

表 2-4　弧段与节点的关系

弧段	节点（起、终）
C1	N2，N1
C2	N3，N2
C3	N1，N3
C4	N3，N4
C5	N4，N2
C6	N4，N1
C7	N5

表 2-5　弧段与面的关系

弧段	左面	右面
C1	—	P1
C2	—	P2
C3	—	P3
C4	P2	P3
C5	P2	P1
C6	P1	P3
C7	P4	P2

5. 拓扑关系的意义

空间数据的拓扑关系对 GIS 数据处理和空间分析具有重要的意义，主要表现在以下几个方面：

1）拓扑关系能清楚地反映实体之间的逻辑结构关系，它比几何关系具有更大的稳定性，不随地图投影而变化。因此，根据拓扑关系，不需要利用坐标或距离，就可以确定一种地理实体相对于另一种地理实体的空间位置关系。

2）有助于空间要素的查询，利用拓扑关系可以解决许多实际问题。如某县的邻接县——面面相邻问题；又如供水管网系统中某段水管破裂要找到关闭它的阀门，就需要查询该线（管道）与哪些点（阀门）关联。

3）根据拓扑关系可重建地理实体。例如：建立封闭多边形；根据弧段与节点的关联关系重建道路网络，进行最佳路径的计算。

二、矢量数据结构的概念

矢量也叫向量,数学上称"具有大小和方向的量"为向量。在计算机图形学中,相邻两节点间的弧段长度表示大小,弧段两端点的顺序表示方向,因此弧段也是一个直观的矢量。基于矢量模型的计算机存储、组织数据的方式称为矢量数据结构,它通过坐标值来精确地表示点、线、面等地理实体及其空间分布。

矢量数据结构(微课视频)

矢量数据结构是一种面向目标的数据组织方式。它具有结构紧凑、冗余度低、利于网络、检索分析等优点,用于表示现实世界中各种复杂的实体,当问题可描述成线或边界时特别有效,是 GIS 主要的数据存储结构之一。

三、矢量数据的编码

为便于使用和记忆,矢量化的对象常常需要编码,用一个编码符号代表一条信息或一串数据,以便进行信息的分类、校核、合计、检索和传输等操作。因此,数据编码就成为计算机处理的关键。数据编码是指根据目标的定性特征把需要加工处理的信息,按照一定的数据结构,用特定的代码或编码字符来表示,以便使用计算机进行识别和管理。矢量数据编码的本质是将几何图形(点、线、面)以数字或符号的方式存储。矢量数据的编码方式按有无拓扑关系分为简单数据结构和拓扑数据结构。

1. 简单数据结构

简单数据结构即无拓扑关系矢量数据模型,是以点、线、面等地理实体为组织单元,记录其属性信息和坐标信息的数据结构方式。由于它不含拓扑关系,不能进行复杂的空间分析,主要用于矢量数据的显示、输出以及一般的查询和检索。

简单数据结构可以采用两种形式:

1)第一种形式是每个点、线、面实体直接跟随它的空间坐标,每个实体的坐标都单独存储,不顾及相邻的多边形或线状和点状实体,如图 2-13 所示。具体形式如下:

点实体:【实体标识,地物编码,(x, y)】

线实体:【实体标识,地物编码,(x_1, y_1),(x_2, y_2),…,(x_n, y_n)】

面实体:【实体标识,地物编码,(x_1, y_1),(x_2, y_2),…,(x_n, y_n),…,(x_2, y_2),(x_1, y_1)】

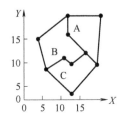

多边形文件		
多边形	编号	坐标对
A	T302	15 14 17 9 …… 15 14
B	T303	17 14 ……

图 2-13 简单数据结构的第一种数据编码方式

这种形式的矢量数据结构,除了外轮廓线以外,多边形的公共边界线数据都获取或存储两次,这就会产生裂隙或重叠,并产生数据冗余。为了消除裂隙,一般需要编辑。

2）第二种形式是建立公用点位字典，如图 2-14 所示。点位字典包含地图上所有点的坐标，然后建立点、线、多边形实体的边界表，它们由点位序号构成。这种方法可以消除多边形边界的裂隙和坐标数据的重复存储。

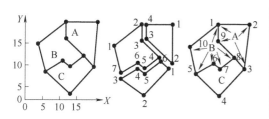

点位字典	
点号	坐标
1	5,14
2	17,14
3	14,6
4	10,1
……	……

多边形文件		
多边形ID	编码	点号串
A	T302	1 2 3 8 9 1
B	T304	1 9……

图 2-14　简单数据结构的第二种数据编码方式（数据字典法）

简单数据结构具有编码容易、数据编排直观、数字化操作简单等优点，但也有明显的缺点：

1）第一种形式中，每个多边形都以闭合线段存储，多边形的公共边界被数字化两次和存储两次，造成数据冗余和不一致。

2）点、线和多边形有各自的坐标数据，但没有拓扑数据，两者之间不关联。

3）岛只作为一个单个图形，没有与外界多边形联系。

因此，简单数据结构只适用于简单的系统，如计算机地图制图系统。

2. 拓扑数据结构

拓扑数据结构是具有拓扑关系的矢量数据结构，可以表示为"属性信息+位置信息+拓扑关系"，是 GIS 的分析和应用功能所必需的数据结构。

拓扑数据结构包括索引式、双重独立编码结构、链状双重独立编码结构等。链状双重独立编码结构是一种常用的拓扑数据结构，它是以弧段或链作为数据组织的基本对象，主要有弧段文件、弧段坐标文件、多边形文件、节点文件四个文件。

如图 2-15 所示的矢量图，共有 31 个节点、10 条链、5 个多边形组成，我们采用链状双重独立编码结构对其进行存储。

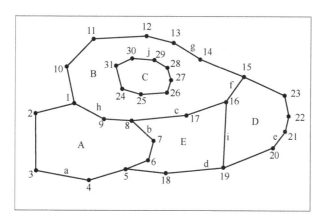

图 2-15　矢量图

弧段文件（表2-6）主要由弧段记录组成，存储弧段的起止节点号和弧段左右多边形号；弧段坐标文件（表2-7）由存储于弧上的一系列点的坐标组成；多边形文件（表2-8）主要由多边形记录组成，包括多边形号、组成多边形的弧段号以及周长、面积、中心点坐标及有关"洞"的信息等；节点文件（表2-9）由节点记录组成，存储每个节点的节点号、节点坐标，节点文件一般通过软件自动生成。

拓扑数据结构的主要特点是：

1）多边形与多边形之间没有空间坐标的重复，消除了重复线，数据结构紧凑，消除了冗余。

2）能够反映要素间的相互关系，拓扑信息与空间坐标分别存贮，拓扑关系明晰，使得拓扑查询、拓扑分析效率高。

3）数据结构复杂，前期工作量较大。

4）对单个地理实体的操作效率低、难以表达复杂的地理实体、查询效率低、局部更新困难。

5）用于各类大型 GIS 系统，如：ArcGIS 软件。

表2-6 弧段文件

弧段号	起点	终点	左多边形	右多边形
a	5	1	—	A
b	8	5	E	A
c	16	8	E	B
d	19	5	—	E
e	15	19	—	D
f	15	16	D	B
g	1	15	—	B
h	8	1	A	B
i	16	19	D	E
j	31	31	B	C

表2-7 弧段坐标文件

弧段号	点号
a	5, 4, 3, 2, 1
b	8, 7, 6, 5
c	16, 17, 8
d	19, 18, 5
e	15, 23, 22, 21, 20, 19
f	15, 16
g	1, 10, 11, 12, 13, 14, 15
h	8, 9, 1
i	16, 19
j	31, 30, 29, 28, 27, 26, 25, 24, 31

表2-8 多边形文件

多边形号	弧段号	周长	面积	中心点坐标
A	h, b, a			
B	g, f, c, h, j			
C	j			
D	e, i, f			
E	c, i, d, b			

表2-9 节点文件

节点号	节点坐标
1	(x_1, y_1)
2	(x_2, y_2)
3	(x_3, y_3)
4	(x_4, y_4)
5	(x_5, y_5)
6	(x_6, y_6)
……	……

【巩固拓展】

1. 简述拓扑关系的概念、种类、意义。
2. 简述矢量数据结构表达点、线、面实体的方法。

任务 3　认识栅格数据结构

 【问题导入】

问题 1：栅格数据结构如何表示点、线、面实体？

问题 2：栅格尺寸如何确定？

问题 3：当栅格数据量很大时，会占用大量的存储空间，也会影响系统运行速度，如何才能节省存储空间，提高系统运行效率？

问题 4：栅格数据与矢量数据有哪些区别？它们各自有哪些优点和缺点？

一、栅格数据结构的概念

如前所述，当采用固定大小的面元来表达点元素时，称为栅格表示法，对应的数据模型是栅格数据模型，基于栅格数据模型对空间实体进行组织、存储的数据结构就是栅格数据结构。常见的栅格数据有遥感影像、扫描图像及高程数据等。

栅格数据结构（微课视频）

如图 2-16 所示，栅格数据结构将地理空间分割成规则的栅格（一般为矩形方块，特殊情况下也可以是三角形或菱形、六边形等），在每个栅格上给出相应的属性值来表示地理实体。每个栅格称为一个栅格或像素，每个栅格的位置由行列号确定，其属性则以代码表示。如图 2-17 所示，点由单个栅格表示，线由沿线走向、具有相同属性取值的一串相邻栅格表示，面由聚集在一起、具有相同属性取值的一片栅格表示。

图 2-16　遥感影像

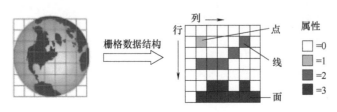

图 2-17　栅格数据结构

二、栅格尺寸的确定

栅格数据结构表示的是二维平面上空间实体的离散化数值，每个栅格对应一种属性，其空间位置用行和列标识。栅格边长决定了栅格数据的精度，如何确定栅格边长，这是我们需要考虑的重要问题。

栅格单元尺寸确定的原则是：一般可采用保证最小多边形的精度标准来确定栅格尺寸，使形成的栅格数据既有效逼近地理实体，又能最大限度地降低数据冗余度。因此，实体特征越复杂，栅格尺寸应越小，分辨率越高，但栅格数据量就越大，按分辨率的二次指数增加，计算机成本就越高，处理速度越慢。

如图 2-18 所示，设研究区域最小图斑的面积为 A，当栅格边长为 H 时，该图斑可能丢失；当栅格边长为 $H/2$ 时，该图斑得到很好的表示。一般情况下，合理的栅格尺寸为

$$h = \frac{1}{2}\sqrt{\min(A_i)}$$

式中，h 为栅格单元边长；A_i 为区域内多边形的面积，$i = 1，2，3，\cdots，n$。

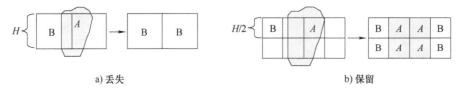

a) 丢失　　　　　　　　　　　　b) 保留

图 2-18　栅格尺寸的确定

三、栅格代码的确定

每个栅格单元只能取一个值，而事实上，一个栅格可能对应于实体中几种不同的属性值（图 2-19），因此存在栅格数据取值问题。为了保证数据的质量，当一个栅格单元内有多个可选属性值时，要按一定方法来确定栅格属性值。

确定栅格属性值的方法主要有：中心点法、面积占优法、重要性法和长度占优法。

1）中心点法，即取位于栅格中心的地物类型或现象特性的属性值为该栅格的属性值。图 2-19 中栅格属性值可确定为 B。中心点法常用于具有连续分布特性的地理要素。

2）面积占优法，即栅格单元属性值为占该栅格面积最大的地物类型或现象特性的属性值。图 2-19 中栅格属性值可确定为 A。面积占优法常用于分类较细，地理类别图斑较小的情况。

3）重要性法，即定义栅格内不同地物的重要级别，取最重要的地物类型的属性值为栅

格属性值。图 2-19 中栅格属性值可确定为 C。重要性法常用于有重要意义而面积较小的地理要素，特别是点、线地理要素，如城镇、交通枢纽、水系等。

4）长度占优法，即每个栅格单元的值由该栅格中线段最长的地物类型的属性值来确定。图 2-19 中栅格属性值可确定为 b。

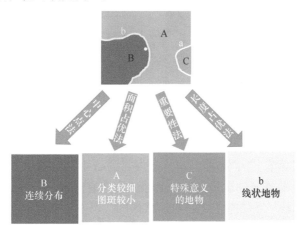

图 2-19　栅格代码的确定

四、栅格数据的编码

栅格数据的编码
方式（微课视频）

栅格数据结构在计算机系统中的实现通常是利用数据编码的方法进行的。由于 GIS 数据量极大，一般需要采用压缩数据的编码方式来减少数据冗余。按照有无压缩，栅格数据结构可以分为直接栅格编码和压缩栅格编码两种类型。

1. 直接栅格编码

直接栅格编码是最简单、最直观而又非常重要的一种栅格结构编码方法，通常称这种编码的图像文件为栅格文件。直接编码就是将栅格数据看作一个数据矩阵，逐行（或逐列）逐个记录代码。

栅格结构不论采用何种压缩方法，其逻辑原型都是直接栅格编码的网格文件。但直接栅格编码没有任何的压缩，一张图形或一幅图像要占用很大的存储量。如图 2-20 所示的数据结构为一个 8×8 阶的矩阵。如果矩阵的每个代码在计算机中用一个双字节的数值来存储，则该栅格数据所需要的存储空间为 8（行）×8（列）×2（字节）= 128 字节。假设以一个面积为 10km×10km 区域为例，如果栅格边长为 1m，则形成 10000×10000 的栅格矩阵，约占用 200 兆字节的存储空间。而且随着分辨率的提高，存储空间呈几何级数递增。因此，栅格数据的压缩是栅格数据结构要解决的重要任务之一。

2. 压缩栅格编码

与直接栅格数据结构相比，压缩栅格编码结构是将具有相同属性值的栅格按一定规则合并，并组织起来的数据结构。在 GIS 中，常用的栅格数据的压缩编码技术有游程压缩编码、分块压缩编码和四叉树编码等。

（1）游程压缩编码　游程压缩编码是栅格数据压缩的重要编码方法。它的基本思路是：

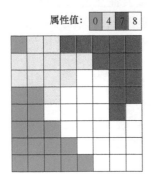

图 2-20　直接栅格编码

对于一幅栅格图像，常常有行（或列）方向上相邻的若干栅格具有相同的属性代码，因而可采取某种方法压缩那些重复的记录内容。其编码方案有两种：

1）第一种编码方案，只在各行（或列）数据的代码发生变化时依次记录该代码以及相同的代码重复的个数，从而实现数据的压缩。具体记录为："属性码，长度（游程）"。

2）第二种编码方案，逐个记录各行（或列）代码发生变化的位置和相应代码。具体记录为："位置，属性码"。

在图 2-21 所示的例子中，原来 64 个整数表示的区域，采用游程压缩编码方案只用了 44 个整数表示（图 2-22），可见这种编码压缩数据是十分有效而简便的。事实上，压缩比的大小是与图的复杂程度成反比的，变化多的部分游程数就多，变化少的部分游程数就少，图像越简单，压缩效率越高。

0	4	4	7	7	7	7	7
4	4	4	4	4	7	7	7
4	4	4	4	8	8	7	7
0	0	4	8	8	8	7	7
0	0	8	8	8	8	7	8
0	0	0	8	8	8	8	8
0	0	0	0	8	8	8	8
0	0	0	0	0	8	8	8

图 2-21　直接编码

属性码，长度(游程)

行	编码方案一
1	(0, 1) (4, 2) (7, 5)
2	(4, 5) (7, 3)
3	(4, 4) (8, 2) (7, 2)
4	(0, 2) (4, 1) (8, 3) (7, 2)
5	(0, 2) (8, 4) (7, 1) (8, 1)
6	(0, 3) (8, 5)
7	(0, 4) (8, 4)
8	(0, 5) (8, 3)

属性码，位置

行	编码方案二
1	(0, 1) (4, 3) (7, 8)
2	(4, 5) (7, 8)
3	(4, 4) (8, 6) (7, 8)
4	(0, 2) (4, 3) (8, 6) (7, 8)
5	(0, 2) (8, 6) (7, 7) (8, 8)
6	(0, 3) (8, 8)
7	(0, 4) (8, 8)
8	(0, 5) (8, 8)

图 2-22　游程压缩编码方案

游程压缩编码在栅格加密时，数据量没有明显增加，压缩效率较高，易于检索、叠加合并等操作，运算简单，适用于机器存储容量小、数据需大量压缩，而又要避免复杂的编码解码运算增加处理和操作时间的情况。

（2）分块压缩编码　分块压缩编码是游程压缩编码扩展到二维的情况，采用方形区域作为记录单元，每个记录单元包括相邻的若干栅格，数据结构由初始位置（行、列号）和半径，再加上记录单元的代码组成。具体编码方式为：“行号，列号，半径，代码”，如图 2-23 所示。

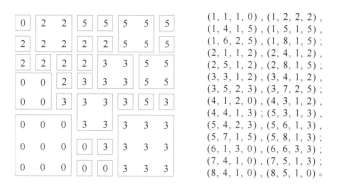

图 2-23　分块压缩编码

一个多边形所包含的正方形越大，多边形的边界越简单，分块压缩编码的效果就越好。分块压缩编码对大而简单的多边形更为有效，对碎部较多的复杂多边形效果并不好。分块压缩编码在合并、插入、检查延伸性、计算面积等操作时有明显的优越性。然而对某些运算不适应，必须在转换成简单数据形式才能顺利进行。

（3）**四叉树编码**　四叉树编码是一种更有效压缩数据的方法。其基本思想是将空间区域等分成四部分，如果检查到某个子区的所有格网都含有相同的值，那么这个子区域就不再往下分割；否则，把这个区域再分割成四个子区域，这样递归分割，直至每个子块都只含有相同的值为止，如图 2-24 所示。

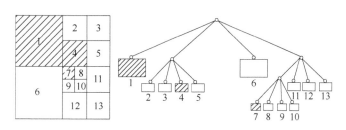

图 2-24　常规四叉树及分解过程

所谓四叉树结构，即把整个 $2^n \times 2^n$ 像元组成的阵列当作树的根节点，n 为极限分割次数，$n+1$ 为四分树的最大高度或最大层数。高度反映了区域的复杂程度。

每个节点分别代表西北、东北、西南、东南四个象限的四个分支。四个分支中要么是树叶，要么是树叉。树叶是不能再分割的节点称为终止节点，或叶节点，树叉是还需分割的节点。一般从上到下，从左到右进行叶节点编号。树的每个节点有四个分支或者为空。

这里以美国马里兰大学地理信息系统中采用的编码方式为例，介绍四叉树编码方法。该方法记录每个终点（或叶节点）的地址和值，值就是子区的代码，其中地址包括两个部分，共占有 32 位（二进制），最右边四位记录该叶节点的深度，即处于四叉树的第几层上，深度用四位二进制表示，有了深度可以推知子区的大小；左边 28 位记录从根节点到该叶节点

49

的路径。0，1，2，3 分别表示 NW、NE、SW、SE，从右边第五位开始 $2n$ 字节记录这些方向，每层象限位置由两位二进制数表示。如图 2-24 中第 10 个节点深度为 3，表示为四位二进制为 0011。该节点第一层处于 SE 象限记为 3，第二层处于 NW 象限记为 0，第三层处于 SE 象限记为 3。象限位置共用 6 位表示，3 表示为两位二进制为 11，0 表示为两位二进制为 00。由此得到该节点的编码为：000……（22 位）110011（6 位）0011（4 位）。

四叉树编码法的优势：

1）能够简单有效地计算多边形的数量特征。

2）阵列中各个部分的分辨率是可变的，数据复杂之处，拆分得比较细，数据简单之处，便统一编码。

3）便于和简单栅格编码之间进行转换，根据路径容易还原数据元素原来的行列号。

4）由于四叉树划分是用递归的方式实现的，可以较为方便地表达多边形之间的嵌套关系。

四叉树编码法的劣势：四叉树分割具有不确定性，同一形状和大小的多边形可能分割出多种不同的四叉树结构，难以精确判断压缩效率。

五、栅格数据与矢量数据的比较

矢量数据比栅格数据更加严密。由于矢量数据在编码过程中考虑点、线、面之间的拓扑关系，因此在进行拓扑操作时（如相邻要素查询、相交要素查询）更加方便。矢量数据通过记录节点坐标的方式来构建图形，不会因为图形的缩放而产生"锯齿"的现象，使得矢量数据的图形输出更为美观。然而，矢量数据的结构比较复杂，与栅格数据相比，叠加操作不方便，且表达空间性的能力较差，难以实现增强处理。

栅格数据通过行列号和像元值记录信息，数据结构简单，可以直接对指定的像元值处理，叠加操作简单。而且栅格值的变化可以有效表达空间的可变性。因为栅格数据具有可变性，可以通过像元值的调整，实现图像的增强处理，突出表达某一类信息。例如，在水文分析中，增强水体的专题信息；在城市扩张分析中，增强建筑用地的专题信息。然而，栅格数据的数据量较大，往往需要压缩操作，并且难以表达空间实体之间的拓扑关系。在图像输出时，栅格数据放大后会出现"锯齿"现象，使得其图形输出不美观。

【素养提示：理论联系实际，确定适合的数据表达方式】

矢量数据和栅格数据各有其优缺点，在工作中，我们应理论联系实际，结合实际情况综合分析，选择合适的空间数据表达方式。

【巩固拓展】

1. 如何确定栅格尺寸，才能达到既保证数据质量，又能减少数据冗余？

2. 在矢量数据结构转为栅格数据结构时，栅格代码会出现不确定现象，此时应采用哪些方法确定栅格代码？并简述这些方法适用的场合。

3. 对比分析栅格数据与矢量数据的区别，试说明各自的优缺点及适用场合。

任务4 认识空间数据库

【问题导入】

问题1：什么是数据库？

问题2：什么是空间数据库？

问题3：空间数据库与一般数据库有哪些区别？

一、数据库基础知识

数据库是一个信息系统的基本且重要的组成部分，同样，在 GIS 中，空间数据库作为空间数据的存储场所也发挥着核心的作用。这表现在：用户通过访问空间数据库获得空间数据，进行空间分析、管理和决策，再将分析结果存储到空间数据库中。因此，空间数据库的布局和存取能力对 GIS 功能的实现和工作效率的影响极大。

数据库的基础知识
（微课视频）

（一）数据库的概念

数据库（Database）是一个长期存储在计算机内的、有组织的、可共享的、统一管理的数据集合。有了数据库，人们才可以从数据库中查找和浏览所需要的数据。例如，我们从计算机或手机 APP 上查询银行账户余额，就是从银行数据库读取后发送过来的。数据库中的数据按照一定的数据模型组织、描述和存储，冗余度小，数据独立性高，易扩展，可以为各种用户共享。

表 2-10 所示的学习者信息表就是一个数据库。表头称为字段或属性，例如：姓名、学号、性别、年龄；表中每一行代表一条记录，对应一名学习者。一个数据库可能有一个表或多个表，表与表之间存在一定的联系。

表 2-10 学习者信息表

姓名	学号	性别	年龄
张一	202311001	男	18
李文	202311002	女	19
刘东	202311003	男	19
方方	202311004	女	18
王强	202311005	男	19

（二）数据库管理系统

对于数据库中的数据，需要由软件进行管理和组织，将这种软件称为数据库管理系统（Database Management System，简称 DBMS）。数据库管理系统是一种操纵和管理数据库的大型软件，用于建立、使用和维护数据库。常用的数据库管理系统（DBMS）有 Access、SQL

Server、Oracel、Visual FoxPro 等。

数据库管理系统（DBMS）对数据库进行统一的管理和控制，以保证数据库的安全性和完整性，如图 2-25 所示。用户通过数据库管理系统（DBMS）（如图书管理系统、收银系统）访问、使用数据库中的数据。数据库管理员也通过数据库管理系统（DBMS）进行数据库的维护工作。数据库管理系统（DBMS）可以使多个应用程序和用户用不同的方法在同时或不同时刻去建立、修改和询问数据库。

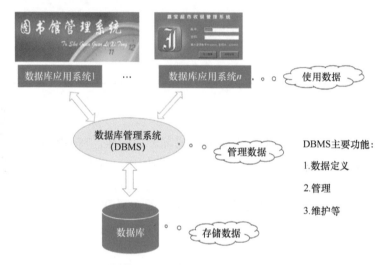

图 2-25　数据库管理系统与数据库、数据库应用系统之间的关系

数据库管理系统（DBMS）是数据库系统的核心，它为数据库的管理与控制提供了以下功能：

1）数据定义。数据库管理系统（DBMS）提供数据定义语言（Data Definition Language，简称 DDL），用于建立、修改数据库的库结构。DDL 所描述的库结构仅仅给出了数据库的框架，数据库的框架信息被存放在数据字典（Data Dictionary）中。

2）数据操作。数据库管理系统（DBMS）提供数据操作语言（Data Manipulation Language，简称 DML）供用户实现对数据的追加、删除、更新、查询等操作。

3）数据库的运行管理。数据库的运行管理功能包括多用户环境下的并发控制、安全性检查和存取限制控制、完整性检查和执行、运行日志的组织管理、事务的管理和自动恢复。这些功能保证了数据库系统的正常运行。

4）数据组织、存储与管理。数据库管理系统（DBMS）要分类组织、存储和管理各种数据，包括数据字典、用户数据、存取路径等，需确定以何种文件结构和存取方式在存储级上组织这些数据，如何实现数据之间的联系。数据组织和存储的基本目标是提高存储空间利用率，选择合适的存取方法提高存取效率。

5）数据库的保护。数据库中的数据是信息社会的战略资源，所以数据的保护至关重要。数据库管理系统（DBMS）对数据库的保护通过四个方面来实现：数据库的恢复、数据库的并发控制、数据库的完整性控制、数据库的安全性控制。数据库管理系统（DBMS）的其他保护功能还有系统缓冲区的管理以及数据存储的某些自适应调节机制等。

6）数据库的维护。数据库的维护包括数据库的数据载入、转换、转储，数据库的重组合、重构以及性能监控等功能，这些功能分别由各个使用程序来完成。

7）通信。数据库管理系统（DBMS）具有与操作系统的联机处理、分时系统及远程作业输入的相关接口，负责处理数据的传送。对网络环境下的数据库系统，还应该包括数据库管理系统（DBMS）与网络中其他软件系统的通信功能以及数据库之间的相互操作功能。

（三）数据间的逻辑关系与数据模型

1. 数据间的逻辑联系

数据是现实世界中信息的载体，是信息的具体表达形式。为了表达有意义的信息内容，数据必须按照一定的方式进行组织和存储，数据库的数据组织一般分为四级：数据项（字段）、记录、文件、数据库。记录是表示现实世界中的实体的，而实体之间存在着一种或多种联系，这种联系必然要反映到记录之间的联系上。数据间的逻辑联系主要是指记录与记录之间的联系。数据间的逻辑联系主要有三种：一对一联系、一对多联系和多对多联系。例如，一个人对应一张身份证，一张身份证对应一个人，这就是一对一联系；一个班级拥有多个学习者，而一个学习者只能属于某一个班级，这就是一对多联系；一个学习者可以选修多门课程，一个课程可以被多个学习者选修，这就是多对多联系。

2. 数据模型

数据模型是数据库系统中关于数据和联系的逻辑组织的形式表示。每一个具体的数据库都由一个相应的数据模型来定义。每一种数据模型都以不同的数据抽象与表示能力来反映客观事物，有其不同的处理数据联系的方式。数据模型的主要任务就是研究记录类型之间的联系。

传统的数据模型有层次模型、网络模型和关系模型，如图 2-26 所示。其中，关系模型是目前最流行的数据库模型，支持关系模型的数据库管理系统称为关系数据库管理系统（Relational Database Management System，简称 RDBMS），SQL Server 就是一种关系数据库管理系统。

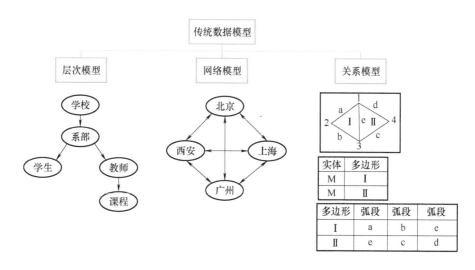

图 2-26　传统数据模型

（1）**关系模型**　关系模型是指用二维表的形式表示实体和实体间联系的数据模型。如图 2-27 所示，实体 M 及其空间要素的关系，通过三个二维表表示出来。每个二维表称为一个关系，二维表名即为关系名，每一行数据表示一个记录的值，每一列数据是某个属性值的集合。表与表之间的联系通过关键字来实现。关键字是一个表格中唯一区分每条记录的一个标识属性或几个标识属性的集合，如图 2-28 所示，学习者信息表中的学号，由于它在一个学校内是唯一的，所以可以作为关键字。

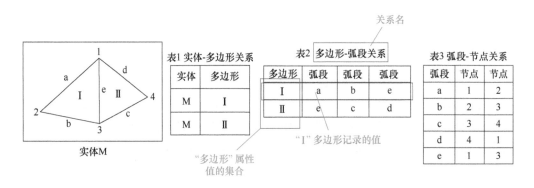

图 2-27　关系模型

学号	姓名	性别	年龄
202311001	张一	男	18
202311002	李文	女	19
202311003	刘东	男	19
202311004	方方	女	18
202311005	王强	男	19

学号	英语	数学	体育
202311001	78	83	85
202311002	86	86	76
202311003	75	67	82
202311004	68	76	75
202311005	92	88	84

图 2-28　关系表的联系

关系模型的优点：简单、结构独立性强，设计、实现、维护和使用方便，具有灵活和强大的查询能力。

关系模型的缺点：无法存储变长属性，无法表示嵌套表，模拟和操纵复杂对象的能力较弱等。

（2）**面向对象模型**　面向对象模型是一种新兴的数据模型，它采用面向对象的方法来设计数据库，也就是说是以对象为单位进行存储，每个对象包含对象的属性和方法，具有类和继承等特点。

1）面向对象的基本概念

① 对象。对象是指含有数据和操作方法的独立模块，是具有特定属性和行为的统一体，如图 2-29 所示，一个城市、一棵树，均可作为地理对象。对象具有如下特征：具有一个唯一的标识，以表明其存在的独立性；具有一组描述特征的属性，以表明其在某一时刻的状态；具有一组表示行为的操作方法，用以改变对象的状态。

图 2-29　对象

② 类。类是指共享同一属性和方法集的所有对象的集合。从一组对象中抽象出公共的方法和属性，并将它们保存在一个类中，是面向对象的核心内容。例如，所有河流都具有名称、长度、流域面积等共性，以及相同的操作方法，像查询、计算长度、求流域面积等，因此可以抽象为河流类。

③ 消息。消息是对对象进行操作的请求，是连接对象与外部世界的唯一通道。

④ 方法。方法是对对象的所有操作，如对对象的数据进行操作的函数、指令、例程等。

2）面向对象模型的特性

① 抽象性。任何一个对象都是通过抽象和概括形成的，如图 2-30 所示的城市对象。

② 封装性。每一个对象都是其属性和方法的封装，是一个封装好的独立模块，用户只能见到对象封装界面上的信息，对象内部对用户是隐蔽的。

③ 多态性。不同类的对象对同一消息做出不同的响应称为多态。就像上课铃响了，上体育课的学习者跑到操场上站好，上语文课的学习者在教室里坐好。再如，同样的选择、复制、粘贴操作，在字处理程序和绘图程序中有不同的效果。

a) 现实中的城市对象　　　　　　　　b) 面向对象模型中的城市对象

图 2-30　面向对象模型的抽象性

3）面向对象模型的特点

① 优点：适合处理多种数据类型，例如：图片、声音、视频、文字、数字等；结合了面向对象程序设计与数据库技术，提供了一个集成应用开发系统；面向对象模型的继承、多态、动态绑定等特性，允许用户不用编写特定对象的代码就可以构成对象并提供解决方案，有效提高开发效率。

② 缺点：数据模型没有准确的定义；维护困难；不适合所有的应用，例如，工程、电子商务、医疗等领域不适合用面向对象模型。

二、空间数据库

空间数据库的概念（微课视频）

地理信息系统中的空间数据与通常意义上的数据相比，具有自己的特点，例如：类型多样、各种实体之间关系复杂、数据量特别大，每个线状或面状地物的字节长度都不是等长的。因此，一般的数据库管理系统难以满足空间数据的管理要求，GIS 需要有自己的数据库，即空间数据库。

空间数据库是某一区域内关于一定地理要素特征的数据集合，一般以一系列特定结构的文件的形式，组织和存储在计算机物理存储介质上。简单地说，空间数据库是地理信息系统中用于存储和管理空间数据的场所。

与一般数据库相比较，空间数据库有如下几个特点：

1）数据量庞大。空间数据库面向的是地学及相关对象，涉及的往往是地球表面信息、地质信息、大气信息等极其复杂的现象和信息，描述这些信息的数据容量很大。

2）具有高效的访问性。有空间数据库作为支撑，地理信息系统能够高效地访问大量数据，完成强大的信息检索和分析工作。

3）空间数据模型复杂。空间数据库存储的不是单一性质的数据，而是涵盖了几乎所有与地理相关的数据模型，包含了属性数据、图形数据及空间关系数据。

4）能够实现空间数据和属性数据的统一管理。

5）数据应用范围广泛。空间数据库可应用在地理研究、环境保护、土地利用与规划、资源管理等多种领域。

 【巩固拓展】

1. 什么是数据库？什么是数据库管理系统？列举几种常见的数据库管理系统。
2. 数据模型有哪些？当前主流的数据模型有哪些？
3. 什么是空间数据库？空间数据库与一般数据库有哪些区别？

任务5 认识空间数据管理与组织方式

【问题导入】

问题1：如前所述，空间数据具有数据量大、结构复杂、类型多样等特点，一般的数据库很难对它们进行管理。那么，空间数据库管理系统如何对它们进行管理？

问题2：GIS 软件如何进行数据的组织？

一、空间数据管理

空间数据管理方式与数据库发展是密不可分的，按照发展的过程，对矢量数据的管理主要有文件-关系数据库混合管理、全关系数据库管理、面向对象数据库管理、对象-关系数据库管理等模式。

1. 文件-关系数据库混合管理模式

文件-关系数据库混合管理模式采用文件系统管理几何图形数据，商用数据库管理系统（DBMS）管理属性数据，几何图形数据与属性数据，两者独立组织、管理和检索。它们之间的联系通过目标标识码进行连接，如图 2-31 所示。

空间数据管理模式（微课视频）

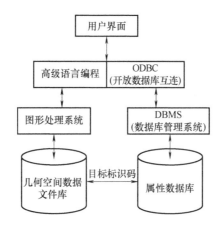

图 2-31　文件-关系数据库混合管理模式

图形系统采用高级语言编程，可以直接操纵属性数据文件，因而图形用户界面与图形文件处理是一体的，两者中间没有逻辑裂缝。

近年来，随着数据库技术的发展，越来越多的数据库系统提供了高级语言的接口，使得 GIS 可以在图形环境下直接操纵属性数据，并通过高级语言的对话框和列表框显示属性数据，或通过对话框输入结构化查询语言（Structured Query Language，简称 SQL）语句，并将该语句通过高级语言与数据库的接口来查询属性数据，然后在 GIS 的用户界面下显示查询结果。这种工作模式，图形与属性完全在一个界面下进行咨询与维护，不需要启动一个完整的数据库管理系统，用户甚至不知道何时调用了数据库管理系统。

在开放数据库互连（Open Database Connectivity，简称 ODBC）协议推出之后，GIS 软件开发商只要开发 GIS 与开放数据库互连的接口，就可以将属性数据与任何一个支持开放数据库互连协议的关系数据库管理系统连接。无论是通过高级语言还是开放数据库互连与关系数据库连接，GIS 用户都是在同一个界面下处理图形和属性数据。

文件-关系数据库混合管理的优点：GIS 在图形环境下可以直接操纵、查询、显示属性数据，实现图形与属性数据完全在一个界面下进行管理与维护。

文件-关系数据库混合管理的缺点：属性数据和图形数据通过标识符 ID 联系，使得查询运算、模型操作运算速度慢；属性数据和图形数据分开存储，数据的安全性、一致性、完整性、并发控制存在较多缺陷；空间对象及其关系的表达能力不足。

2. 全关系数据库管理模式

空间和属性数据分开存储会影响数据的完整性和应用效率。为提高数据的完整性和应用效率，全关系数据库管理系统（RDBMS）利用现有的数据库管理系统（DBMS）统一管理空间数据和属性数据（图2-32）。空间数据的本质是存储坐标信息。在实际中，有些地物形状简单，若干个点就可以记录它的形状，而有些地物形状极其复杂，需要很多点坐标来记录（例如：河流、湖泊）。为适应不同空间数据的特点，灵活地改变记录长度，可以对标准数据库管理系统（DBMS）进行扩展，设变长记录来存储空间数据，并开发处理空间对象的相关功能。

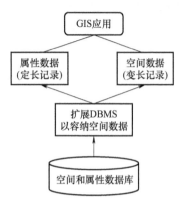

全关系数据库管理模式实现了空间数据和属性数据的统一存储，避免对"连接关系"的查找，数据存取速度快，安全性能高。然而，在进行空间关系查询、对象嵌套等复杂的空间操作时，由于需要重新构建空间对象和判断拓扑关系，运算效率相对较低。

图 2-32　全关系数据库管理模式

3. 面向对象数据库管理模式

面向对象技术在建模和描述客观现象方面具有明显的优势，与空间数据库管理系统有机地结合，可以实现空间数据的有效管理。面向对象技术与空间数据库管理系统相结合的一种实现方式是，扩展面向对象程序语言，增加空间数据库管理系统的功能；另外一种实现方式是，扩展关系数据库管理系统，增加面向对象的特性。

面向对象数据库管理模式最适应于空间数据的表达和管理。它不仅支持变长记录，而且支持对象的嵌套信息的继承与聚集。这种管理模式允许用户定义对象和对象的数据结构及它的操作。可以将空间对象根据地理信息系统的需要，定义出合适的数据结构和一组操作，这种空间数据结构可以是不带拓扑关系的面状数据结构，也可以是拓扑数据结构，当采用拓扑数据结构时往往涉及对象的嵌套、对象的连接及对象与信息聚集。

面向对象数据库管理模式的优点：支持变长记录，还支持对象的嵌套、信息的继承和聚集；允许定义合适的数据结构和数据操作。

面向对象数据库管理模式的缺点：不支持 SQL Server 语言，在通用性上受局限，另外它还不够成熟，而且价格昂贵，目前在地理信息系统领域还不通用。

4. 对象-关系数据库管理模式

对象-关系数据库管理模式是最为流行的空间数据管理模式。这类模式在传统关系数据库管理系统上进行扩展，使之能统一管理矢量图形数据和属性数据，如图2-33所示。其扩展方式有两种：一种是地理信息系统软件商在传统关系数据库管理系统上进行扩展，外加一个空间数据管理引擎，如 Esri 的 ArcSDE 等；另一种是数据库管理系统的软件商在自己的关系数据库管理系统中进行扩展，使之能直接存储和管理矢量空间数据，例如 Ingres、Informix、Oracle 都推出了空间数据管理的扩展模块。

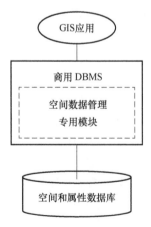

图 2-33　对象-关系数据库
管理模式

由于对象-关系数据库在数据库开发商方面提供了对于非结构化的数据管理的扩展，其效率比关系数据库管理模式高，而且它还具有数据的安全性、一致性、完整性、并发控制及数据损坏后的恢复等基本功能，支持海量数据管理，因此对象-关系数据库管理模式是目前大型地理信息系统常用的数据管理模式。

【素养提示：运用马克思主义哲学思维认识空间数据管理模式的发展】

　　马克思主义唯物辩证法认为"万事万物都是普遍联系的，都在发展变化中"，空间数据管理模式随着计算机、数据库等技术的发展而发展，未来，随着信息技术的不断发展，空间数据管理模式也会逐步升级，管理模式更加高效。我们要及时更新自己的知识储备，不断提升技术水平以适应数据管理模式的发展变化。

二、空间数据组织

　　不同的管理模式对应不同的数据组织方式，不同的 GIS 系统之间，它们的空间数据组织方式也是不一样的。这里以 SuperMap GIS 为例，介绍空间数据组织方式。

　　SuperMap GIS 的数据组织形式类似于树状层次结构，这种结构可以通过应用程序界面上的工作空间管理器表示。如图 2-34 所示，在工作空间管理器中打开了一个工作空间。图 2-35 为对应抽象出来的 SuperMap GIS 数据组织结构的示意图。在 SuperMap iDesktop 系列产品中，用户的一个工作环境对应一个工作空间，每一个工作空间都具有图 2-35 所示的树状层次结构，该结构中工作空间对应根节点。一个工作空间包含唯一的数据源集合、唯一的地图集合、唯一的布局集合、唯一的场景集合和唯一的资源集合（符号库集合），对应着工作空间的子节点。

图 2-34　工作空间管理器

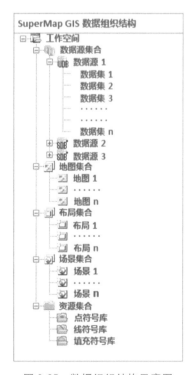

图 2-35　数据组织结构示意图

1. 工作空间

工作空间即用户的工作环境，用户在进行数据操作时，都需要先创建一个工作空间，才能进一步操作 GIS 数据。工作空间会保存用户在该工作环境中的操作结果，包括用户在该工作空间中打开的数据源，保存的地图、布局和三维场景等，当用户打开工作空间时可以继续上一次的工作成果来进行下一步工作。

应用程序启动时，默认为用户建立了一个空的工作空间，用户可以在此基础上进行数据操作，或者打开已有工作空间进行操作。

（1）工作空间的类型　按照工作空间的存储形式，工作空间可以分为两大类型，即文件型工作空间和数据库型工作空间。

1）文件型工作空间以文件的形式进行存储，SuperMap iDesktop 和 SuperMap Deskpro 6R 文件格式为 ∗.smwu 和 ∗.sxwu，SuperMap GIS 6 及以前版本文件格式为 ∗.smw 和 ∗.sxw，每一个工作空间文件中只存储一个工作空间。

2）数据库型工作空间是将工作空间保存在数据库中，目前支持存储在 PostgreSQL、MySQL、DM、MongoDB、Oracle 和 SQL Server 数据库中。

（2）工作空间的层次结构　数据源集合用于管理在工作空间打开的所有数据源；地图集合用来保存工作空间中的地图；布局集合用来保存工作空间中的布局；三维场景集合用来保存工作空间中的三维场景；资源集合主要管理点符号库、线符号库和填充符号库。

工作空间中的地图、布局、三维场景和资源都是依附于工作空间存在的，即这些内容都保存在工作空间中，删除工作空间时，其中的地图、布局、三维场景和资源会被同时删除；而数据源是独立存储的，与工作空间只是关联关系，当删除工作空间时，只是删除了工作空间与数据源的关联关系，并不能删除数据源。

2. 数据源集合、数据源及数据集

（1）数据源集合　工作空间中的数据源集合主要管理工作空间中打开的所有数据源，通过工作空间中的数据源集合可以实现数据源的创建、打开、关闭等操作功能。

（2）数据源　数据源用于存储空间数据，独立于工作空间，因此存储在数据源中的所有空间数据也独立于工作空间存储。SuperMap iDesktop 系列产品的空间数据可以存储在文件中和数据库中，即数据源可以保存在文件中或者数据库中，因此，数据源可以分为三大类：文件型数据源、数据库型数据源和 Web 数据源。

1）文件型数据源，即 UDB 类型数据源，存储于扩展名为 ∗.udb 和 ∗.udd 的文件中。新建 UDB 数据源时，会同时产生两个名称相同、后缀不同的文件：∗.udb 文件和与之相对应的 ∗.udd 文件。其中，∗.udb 文件主要存储空间特征数据，∗.udd 文件存储属性数据。

UDB 数据源是一个跨平台、支持海量数据、高效存取的文件型数据源，存储数据量的上限为 128TB。

当前，最新文件型数据源把所有的数据都存储在一个扩展名为 ∗.udbx 的文件中，统一存储、管理空间特征数据和属性特征数据。

2）数据库型数据源，存储于数据库中，如 Oracle Plus 数据库、SQL Server Plus 数据库等。在该类型数据源中，空间数据的空间特征数据和属性特征数据都存储在数据库中。

若对数据源中的空间数据进行操作，须先通过工作空间中的数据源集合打开数据源。对数据源及其中的空间数据的所有操作，将直接保存在数据源文件中。数据源是独立于工作空间存储的，删除工作空间本身，工作空间中的数据源不会随之删除或发生改变。

3）Web 数据源，存储于网络上的某个服务器上，在使用该类型的数据源时，通过 URL 地址来获取相应的数据源。

一个工作空间中可以包含多个不同类型的数据源，通常一个数据源中组织一类用途的空间数据，便于数据的归类和使用。

（3）数据集　在数据源中，为便于数据的统一管理，引入数据集的概念，即将同类对象存储在一类数据集中，例如，点要素存储在点数据集中，线要素存储在线数据集中，面要素存储在面数据集中。因此，一个数据源中的空间数据被组织为各种类型数据集，数据源也就是数据集的集合，包含了各种类型的多个数据集。

SuperMap GIS 的数据集类型包括：点数据集（Point）、线数据集（Line）、面数据集（Region）、纯属性数据集（Tabular）、网络数据集（Network）、复合数据集（CAD）、文本数据集（Text）、路由数据集（LineM）、影像数据集（Image）、栅格数据集（Grid）、模型数据集（Model）。

数据集是 SuperMap GIS 空间数据的基本组织单位之一，也是数据组织的最小单位。数据集可以作为图层在地图窗口中实现可视化显示，即可以将数据集中存储的几何对象以图形的方式呈现在地图窗口中，对于栅格和影像数据集，则根据其存储的像元值以图像的方式显示在地图窗口中。数据集的可视化编辑也是在地图窗口中实现的，例如，编辑数据集中要素的空间位置、形状，或者通过矢量化获取新的数据集。

一个数据源可以包含多个各种类型的数据集，在工作空间管理器中对这些数据集进行管理，包括创建数据集、删除数据集、导入其他来源的数据作为数据集等。

3. 地图集合与地图

（1）地图集合　地图集合用来管理存储在工作空间中的地图数据，用户在工作空间中显示和制作的地图都保存在工作空间中。

软件可以同时打开多个地图窗口，每一个地图窗口当前显示的内容为一幅地图，工作空间中的地图都包含在地图集合中，由于地图保存在工作空间中，因此，只有保存了工作空间，其中的地图才能被保存下来。

（2）地图　将数据集添加到地图窗口中，就被赋予了显示属性，如符号、色彩、注记等，称为图层。一个或者多个图层按照某种顺序叠放在一块，显示在一个地图窗口中，组成一幅地图。一般而言，一个图层对应着一个数据集；同一个数据集可以被多次添加到不同的地图窗口中，而且可以赋予不同的显示风格。对于不存储风格的数据集（点数据集、线数据集、面数据集），在显示时系统将赋予默认的风格；存储风格的数据集（CAD 数据集和文本数据集）则按每个对象内置的风格来显示。地图窗口中图层的风格可以根据需要进行修改，通过修改图层风格、制作专题地图两种方法实现。在地图窗口中可以对图层中的要素进行可视化编辑，如改变对象的位置、大小和形状等，这些操作都会直接反映到图层对应的数据集中，也就是说，对图层的编辑实质是对图层关联的数据集中数据的编辑。

4. 布局集合与布局

（1）布局集合 工作空间中的布局集合管理工作空间中保存的所有布局，通过布局集合可以实现布局的创建、保存、输出、打印、删除等操作。

（2）布局 布局主要用于对地图进行排版打印，是地图、图例、地图比例尺、指北针、文本等各种不同元素的混合排版与布置。布局窗口是布局可视化编辑的场所，一个布局窗口对应一个布局。布局保存在工作空间中，若要保存布局，必须同时保存其所在的工作空间。

5. 场景集合与场景

（1）场景集合 工作空间中的场景集合管理工作空间中保存的所有场景。

（2）场景 场景是以抽象的球模式来模拟现实的地球，并将现实世界抽象出来的地理事物在球体上进行展示，从而更直观形象地反映现实地理事物的实际空间位置和相互关系。用户可以将二维或者三维数据直接加载到球上进行浏览，制作专题图等。除此之外，场景还模拟了地球所处的环境，包括宇宙的星空、地球的大气环境、地球表面的雾环境等。场景还提供了相机的设置，相机可以用来控制对球体的观测角度、方位和观测范围，从而以不同的视角呈现球体的不同部位。

场景显示在场景窗口中，一个场景窗口对应一个场景。场景保存在工作空间中，若要保存场景，必须同时保存场景所在的工作空间。

6. 资源集合与符号库

（1）资源集合 工作空间中的资源集合主要管理工作空间中的地图所使用的符号库资源，包括点符号库、线符号库和填充符号库。

（2）符号库 使用点符号库设置图层中点要素的风格，包括符号类型、大小、颜色等；使用线符号库设置图层中线要素的风格，包括线型、线宽、线的颜色等；使用填充符号库，设置图层中面要素的填充风格。

 【巩固拓展】

1. 简述空间数据管理模式的发展变化及影响因素。
2. 简述 SuperMap 软件的空间数据组织方式。

任务 6　进行空间数据库的创建

 【问题导入】

问题 1：针对具体的空间数据库建设项目，在建库之前要进行空间数据库的设计，那么，空间数据库设计内容有哪些？

问题 2：在空间数据库设计完成、数据入库之前，要进行空间数据库的建立。针对具体的 GIS 平台，如何进行空间数据库的建立？

2.6.1　空间数据库设计

一、空间数据库的设计

空间数据库的设计是将空间客体以一定的组织形式在数据库中加以表达的过程，也就是 GIS 中空间客体的模型化问题。如图 2-36 所示，数据库的设计过程有以下几个典型步骤：需求分析、概念设计、逻辑设计和物理设计。

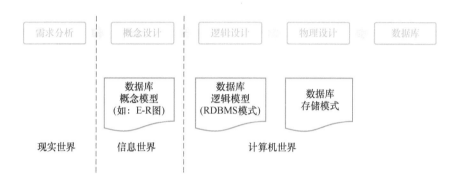

图 2-36　数据库的设计过程

1. 需求分析

需求分析是整个空间数据库设计与建立的基础，主要进行以下工作：

1）调查用户需求，了解用户特点和要求，取得设计者与用户对需求的一致看法。

2）需求数据的收集和分析，包括信息需求（如信息内容、特征，需要存储的数据）、信息加工处理要求（如响应时间）、完整性与安全性要求等。

3）编制用户需求说明书，包括需求分析的目标、任务，具体需求说明，系统功能与性能，运行环境等，这是需求分析的最终成果。

需求分析是一项技术性很强的工作，应该由有经验的专业技术人员完成，同时用户的积极参与也十分重要。

2. 结构设计

这里指空间数据结构设计，结果是得到一个合理的空间数据模型，是空间数据库设计的关键。空间数据模型越能反映现实世界，在此基础上生成的应用系统就越能较好地满足用户对数据处理的要求，其主要任务如下：

（1）概念设计　对需求分析阶段所收集的信息和数据进行分析、整理，确定地理实体、属性及它们之间的联系，将各用户的局部视图合并成一个全局视图，形成独立反映观点的数据模型，即概念模型。概念模型与具体的数据库管理系统无关，结构稳定，能较好地反映用户的信息需求。

表示概念模型最有力的工具是 E-R 模型，即实体联系模型，包括实体、联系和属性三个基本成分。用 E-R 模型来描述现实地理世界，不必考虑信息的存储结构、存取路径及存取效率等与计算机有关的问题，比一般的数据模型更接近于现实地理世界，具有直观、自然、语义较丰富等特点，因而在空间数据库设计中得到了广泛应用。

例如，在城市空间数据库系统设计中，将城市市区要素抽象为空间实体、空间实体属性和空间实体关系。其中，空间实体包括节点、边线、路段、街道、街区等实体；空间实体属性包括节点实体属性（例如：立交桥、警亭及所连通街道的性质），边线实体属性（例如：属于哪一路段、街道、街区及其长度），路段和街道实体属性（例如：走向、路面质量、宽度、等级、车道数、结构），街区实体属性（例如：面积、用地类型）。

（2）逻辑设计 在概念设计的基础上，按照不同的转换规则将概念模型转换为具体数据库管理系统支持的数据模型的过程，即导出具体数据库管理系统可处理的空间数据库的逻辑结构（或外模式），包括确定数据项、记录及记录间的联系，安全性，完整性和一致性约束等。导出的逻辑结构是否与概念模式一致，能否满足用户要求，还要对其功能和性能进行评价，并予以优化。

从 E-R 模型向关系模型转换的主要过程为：确定各实体的主关键字；确定并找出实体内部属性之间的数据关系表达式，即某一数据项决定另外的数据项；把经过消沉处理的数据关系表达式中的实体作为相应的主关键字；根据数据关系表达式及主关键字形成新的关系；完成转换后，进行分析、评价和优化。

（3）物理设计 物理设计是指有效地将空间数据库的逻辑结构在物理存储器上实现，确定数据在介质上的物理存储结构，其结果是导出空间数据库的存储模式（内模式）。主要内容包括确定记录存储格式，选择文件存储结构，决定存取路径及分配存储空间。物理设计的好坏将对空间数据库的性能产生很大影响。一个好的物理存储结构必须满足两个条件：一是空间数据占有较小的存储空间；二是对数据库的操作具有尽可能高的处理速度。在完成物理设计后，要进行性能分析和测试。

数据的物理表示分两类：数值数据和字符数据。数值数据可用十进制或二进制形式表示。通常二进制形式所占用的存储空间较少。字符数据可以用字符串的方式表示，有时也可利用代码值的存储代替字符串的存储。为了节约存储空间，常常采用数据压缩技术。

物理设计在很大程度上与选用的数据库管理系统有关。设计中应根据需要，选用系统所提供的功能。

（4）数据层设计 大多数 GIS 都将数据按逻辑类型分成不同的数据层进行组织。数据层是 GIS 中的一个重要概念。GIS 的数据可以按照空间数据的逻辑关系或专业属性，分为各种逻辑数据层或专业数据层，原理上类似于图片的叠置。例如，地形数据可分为地貌、水系、道路、植被、控制点、居民地等诸层分别存储。将各层叠加起来就合成了地形图的数据。在进行空间分析、数据处理、图形显示时，往往只需要若干相应图层的数据。

数据层的设计一般是按照数据的专业内容和类型进行的。数据的专业内容和类型通常是数据分层的主要依据，同时也要考虑数据之间的关系，如考虑两类物体共享边界（道路与行政边界重合，河流与地块边界重合）等，这些数据间的关系在数据分层设计时应能体现出来。

不同类型的数据由于其应用功能相同，在分析和应用时往往会同时用到，因此在设计时应反映出这样的需求，即可将这些数据作为一层。例如：多边形的湖泊、水库，线状的河流、沟渠，点状的井、泉，在 GIS 的运用中往往同时用到，因此可作为一个数据层。

二、空间数据库的建立与维护

1. 空间数据库的建立

在完成空间数据库的设计之后，就可以建立空间数据库了。建立空间数据库包括三项工作，即建立空间数据库结构、装入数据和调试运行。

（1）建立空间数据库结构 利用数据库管理系统提供的数据描述语言，描述逻辑设计和物理设计的结果，得到概念模式和外模式，编写功能软件，经编译、运行后形成目标模式，建立实际的空间数据库结构。

（2）装入数据 一般由编写的数据装入程序或数据库管理系统提供的应用程序来完成。在装入数据之前要做许多准备工作，如对数据进行整理、分类、编码及格式转换（如专题数据库装入数据时，采用的多关系异构数据库的模式转换、查询转换和数据转换）等。要确保装入的数据的准确性和一致性。最好是把装入数据和调试运行结合起来，先装入少量数据，待调试运行基本稳定后，再大批量装入数据。

（3）调试运行 装入数据后，要对地理数据库的实际应用程序进行运行，执行各功能模块的操作。对地理数据库系统的功能和性能进行全面测试，包括需要完成的各功能模块的功能、系统运行的稳定性、系统的响应时间、系统的安全性与完整性等。经调试运行，若基本满足要求，则可投入实际运行。

由以上内容不难看出，建立一个实际的空间数据库是一项十分复杂的系统工程。

2. 空间数据库的维护

建立一个空间数据库是一项耗费大量人力、物力和财力的工作，因此用户都希望不仅能应用得好，而且使用寿命要长。要做到这一点，就必须不断地对它进行维护，即进行调整、修改和扩充。空间数据库的重组织、重构造和系统的完整性与安全性控制等，就是重要的维护方法。

（1）空间数据库的重组织 空间数据库的重组织是指在不改变空间数据库原来的逻辑结构和物理结构的前提下，改变数据的存储位置，将数据予以重新组织和存放。因为一个空间数据库在长期的运行过程中，经常需要对数据记录进行插入、修改和删除操作，这会降低存储效率，浪费存储空间，从而影响空间数据库系统的性能。所以，在空间数据库运行过程中，要定期地对数据库中的数据进行重新组织。数据库管理系统一般都提供了数据库重组的应用程序。由于空间数据库重组要占用系统资源，故重组工作不宜频繁进行。

（2）空间数据库的重构造 空间数据库的重构造是指局部改变空间数据库的逻辑结构和物理结构。这是由于系统的应用环境和用户需求的改变，需要对原来的系统进行修正和扩充，有必要部分地改变原来空间数据库的逻辑结构和物理结构，从而满足新的需要。数据库重构通过改写其外模式（逻辑模式）和内模式（存储模式）来进行。具体来说，对于关系型空间数据库系统，通过重新定义或修改表结构，或定义视图来完成重构；对非关系型空间数据库系统，改写后的逻辑模式和存储模式需重新编译，形成新的目标模式，原有数据要重新装入。空间数据库的重构造对延长应用系统的使用寿命非常重要，但只能对其逻辑结构和物理结构进行局部修改和扩充。如果修改和扩充的内容太多，那就要考虑开发新的应用系统。

（3）**空间数据库的完整性与安全性控制**　空间数据库的完整性是指数据的正确性、有效性和一致性，主要由后映像日志来完成。它是一个备份程序，当发生系统或介质故障时，利用它对数据库进行恢复。安全性是指对数据的保护，主要通过权限授予、审计跟踪，以及数据的卸出和装入来实现。

2.6.2　技能操作：创建空间数据库

一、任务布置

数据源是由各种类型的数据集（如点、线、面、栅格/影像等类型数据）组成的数据集集合，包括文件型数据源、数据库型数据源、Web 数据源、内存数据源等几种类型，用于存储、管理和组织空间数据。本次技能操作任务是在 SuperMap 软件中建立数据源，对数据集进行操作，包括新建、复制、导入、导出数据等。通过任务实施，使学习者认识 SuperMap 软件中空间数据的管理和组织方式，为空间数据采集、处理等做准备工作。

二、操作示范

1. 操作要点

建立空间数据库
（操作视频）

1）新建数据源，包括文件型数据源、数据库型数据源、Web 型数据源、内存数据源。

2）新建数据集，并进行数据集类型、名称、坐标系统等的设置。

3）为数据源导入数据集，包括矢量、三维、栅格影像等多种格式。在"导入数据集"对话框中选择导入文件，进行结果设置。

4）打开已有的数据源。

5）复制数据源，将被复制数据源中的全部数据集或部分数据集复制到目标数据源中。

6）复制数据集。在"数据集复制"对话框中，设置目标数据源和数据集名称。此功能可以同时实现多个数据集的复制，并进行统一赋值。

7）在数据集的属性窗口中修改属性表结构，例如：添加、删除属性字段。

8）数据集导出。在数据集的右键菜单中选择"数据集导出"，打开"数据导出"对话框。设置转出类型，例如 CVS 文件、CAD、Shape 等多种格式的数据文件，从而实现不同系统之间的数据共享。

2. 注意事项

1）在对数据源、数据集进行修改前进行备份，这样可以避免因误操作而出现数据丢失的现象发生。

2）矢量数据集中属性表结构中的字段一旦删除，该字段中的属性数据就会丢失，因此要慎用删除操作。

3）建立数据集时，要选用正确的坐标系统。对于现阶段采集的数据，国家规定统一采用 CGCS2000 坐标系统。

【素养提示：建立标准规范意识】

设计与建立空间数据库要符合《基础地理信息数据库建设规范》（GB/T 33453—2016）等国家或行业规范、标准。

三、任务实施

1）扫描二维码并下载数据。
2）建立数据源。
3）对数据源、数据集进行操作。

建立空间数据库
（实验数据）

四、任务检查

以小组为单位，小组成员互相检查任务完成情况；指导、帮助没有完成的或成果存在错误的同学完成任务、修正错误。

五、成果提交

将任务成果（数据源文件）提交至指导教师处。

六、任务评价

姓名：		班级：	学号：		
评价项目	评价指标			分值	得分
任务完成情况	1. 成果包含数据源文件、导出的 Shape 文件			10	
	2. 数据源中数据集类型和要素内容符合实验或指导教师给定的任务要求			20	
成果质量	3. 新建数据源命名符合要求			10	
	4. 新建的点、线、面、文本数据集命名符合要求			10	
	5. 新建的数据集坐标系设置符合要求			10	
	6. 点、线、面、文本数据集属性字段添加正确			10	
	7. 导入数据集操作成功，且能正常显示			10	
	8. 复制数据源结果符合要求			5	
	9. 复制数据集结果符合要求			5	
	10. 数据集导出结果符合要求			5	
	11. 数据集另存结果符合要求			5	
合计				100	

【巩固拓展】

1. 简述空间数据库设计流程和内容。
2. 简述 SuperMap 软件中数据源的类型，数据集的类型，数据源与数据集的关系。

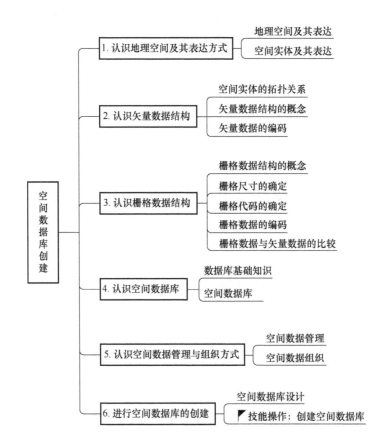

【项目总结】

1. 认识地理空间及其表达方式
- 地理空间及其表达
- 空间实体及其表达

2. 认识矢量数据结构
- 空间实体的拓扑关系
- 矢量数据结构的概念
- 矢量数据的编码

3. 认识栅格数据结构
- 栅格数据结构的概念
- 栅格尺寸的确定
- 栅格代码的确定
- 栅格数据的编码
- 栅格数据与矢量数据的比较

4. 认识空间数据库
- 数据库基础知识
- 空间数据库

5. 认识空间数据管理与组织方式
- 空间数据管理
- 空间数据组织

6. 进行空间数据库的创建
- 空间数据库设计
- ▌技能操作：创建空间数据库

（空间数据库创建）

【项目评价】

1. 知识评价

扫描二维码，完成理论测试。

2. 技能评价

以"2.6.2 技能操作：创建空间数据库"中任务评价结果作为本项目技能评价的结果。

项目 2　知识评价

3. 素质评价

评价内容	评价标准
科学素养	通过认识与学习地理空间及其表达、空间数据结构，培养测绘科学素养
科学家精神	了解新中国成立以来测绘重大成就，学习王家耀、刘先林等科学家事迹，培养科技报国情怀
马克思主义哲学思维	通过空间数据结构、空间数据库知识部分中的马克思主义哲学思想辨析，培养哲学思维

【大赛直通车】

GIS 大赛软件及数据建库要求

1. 大赛软件平台

作品必须基于 SuperMap GIS 系列软件完成，请使用以下任意一款或多款软件，版本使用 10i（2021）SP1（即 v10.2.1 版本）或以上版本：

SuperMap iServer　　　　　　　　SuperMap iObjects Java

SuperMap iClient JavaScript　　　　SuperMap iDesktop

SuperMap Online　　　　　　　　SuperMap iDesktopX

SuperMap iClient3D for WebGL　　SuperMap iMobile for Android

SuperMap iObjects . NET　　　　　SuperMap iMobile for iOS

2. 数据建库要求

1）成果格式：参赛作品最终提交的空间数据包括 SuperMap 工作空间文件（*.smwu）和数据源文件（*.udbx）。其中，制图成果、三维场景、布局、符号库等存储在工作空间文件中，矢量数据、影像数据、地形数据等数据存储在数据源文件中。

2）命名要求：数据集命名由汉字、字母、数字和下划线组成，但不能以数字、下划线开头。长度不得为 0，不得超过 30 个字节，即 30 个英文字母或者 15 个汉字，超出部分会自动截断。不能有非法字符，如空格、括号等。不能与各个数据库的保留字段冲突。

3. 其他

大赛详细赛制规则，请访问 https://www.supermap.com/zh-cn/a/news/list_9_1.html。

项目 3

空间数据采集与处理

【项目概述】

　　空间数据采集与处理是 GIS 建设最重要的、任务量最大的一项工作，占系统建设80%以上的工作量。采集和处理的空间数据通常存储在统一的空间数据库（例如：基础地理信息数据库）中，且须符合相应的标准、规范要求。由于空间数据来源种类繁多，不一定符合规范和项目要求，为此，需要进行数据采集和处理工作，例如：对空间数据分类、编码；对扫描得到的地图、影像数据进行矢量化操作；将 CAD 格式数据转化为GIS 格式数据；对坐标系与目标坐标系不一致的数据进行坐标系统变换；对存在错误或较大误差的数据进行编辑，数据质量检查。

　　本项目主要内容包括：进行空间数据分类与编码、进行空间数据采集、进行空间数据坐标变换、进行空间数据结构转换、进行空间数据编辑、进行拓扑检查与编辑、进行空间数据质量分析与控制。通过学习，使学习者掌握空间数据采集与处理技术，具备利用 GIS 软件进行空间数据采集、处理的能力，为从事空间数据入库、GIS 分析与应用工作打下基础。

【知识目标】

　　1. 掌握空间数据的分类与编码方法。
　　2. 了解空间数据来源，掌握空间数据的采集方式。
　　3. 掌握空间数据坐标变换的方法。
　　4. 理解空间数据结构转换的原理和方法。
　　5. 掌握空间数据编辑的内容和方法。
　　6. 掌握拓扑检查与编辑的内容和方法。
　　7. 掌握空间数据质量指标，理解空间数据质量问题来源、质量分析和控制方法。

【技能目标】

　　1. 能按照规范进行空间数据分类与编码。
　　2. 能借助扫描矢量化、共享数据格式转换等方式采集空间特征数据，能进行属性特征数据的采集。
　　3. 能进行空间数据坐标系统变换。
　　4. 能进行空间数据结构转换。
　　5. 能利用 GIS 软件编辑工具进行图形数据编辑、属性数据编辑。
　　6. 能建立拓扑关系，进行空间数据拓扑检查和编辑。

【素质目标】

1. 遵守《中华人民共和国测绘法》，杜绝非法测绘，维护国家地理信息安全。
2. 遵循国家、行业标准、规范，依法依规采集空间数据。
3. 具备科学、严谨的工作态度。
4. 具备敬业、专注、精益、创新的工匠精神。
5. 具备测绘成果保密与安全意识，质量意识，责任意识。

任务 1　进行空间数据分类与编码

 【问题导入】

　　问题：空间数据包括空间特征数据和属性特征数据，种类繁多、内容丰富，涉及多个领域。例如，基础地理信息数据库包括居民地、水系、交通、植被等多种类型要素，同一类要素又有很多小类，如居民地中有学校、医院、超市、公园等。那么，如何对不同领域、不同级别的要素及数据进行有序的组织、存储，以实现高效检索？

一、空间数据的分类

　　空间数据分类是根据系统功能及国家规范和标准，将具有不同属性或特征的要素区别开来的过程，以便从逻辑上将空间数据组织为不同的数据层，为数据采集、存储、管理、查询和共享提供依据。

空间数据分类与
编码（微课视频）

　　1. 空间数据分类的原则

　　1）科学性。空间数据分类应适合现代技术对数据进行处理、管理和应用。

　　2）系统性。空间数据分类应按合理的顺序排列，形成系统、有机的整体，分类目既反映相互间的区别，又反映彼此间的联系。

　　3）稳定性。分类方案应以各要素最稳定的属性或特征为依据进行制定，在较长时间里不发生重大变更。同时，应以我国使用多年的基础信息和各种专题信息常规分类为基础。

　　4）兼容性。空间数据分类，首先考虑执行国家标准；如果没有，则执行相关行业标准。如果两者都没有，那么应参照相关的国际标准，求得最大限度的兼容和协调一致。

　　5）完整性和可扩展性。空间数据的分类体系，应能容纳研究领域现有的所有信息，并且在类目的设置或层级的划分上留有余地，以保证分类对象增加时，不打乱已建立的分类体系。

　　6）易用性。分类名称应尽量沿用专业习惯名称。

　　2. 空间数据分类的方法

空间数据分类方法一般包括线分类法和面分类法。

（1）**线分类法**　线分类法也叫层次分类法。下面参照《基础地理信息要素分类与代码》（GB/T 13923—2022），以"国家基础地理信息要素分类"为例进行介绍。

如图 3-1 所示，基础地理信息要素类型按照从属关系依次分为四类：大类、中类、小类、子类。

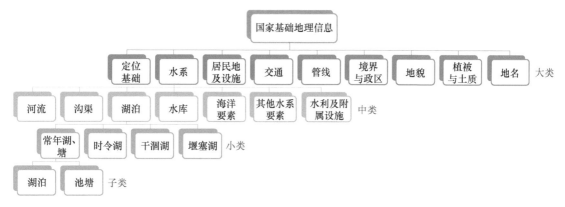

图 3-1　线分类法（层次分类法）

大类包括定位基础、水系、居民地及设施等九个，在上述各大类基础上细分为 48 个中类。以水系大类为例，可分为河流、沟渠、湖泊等七个中类，其中湖泊分为常年湖、塘，时令湖，干涸湖，堰塞湖四个小类，常年湖、塘又分为湖泊和池塘两个子类。

线分类法具有严格的层次和隶属关系。同层级类目之间存在并列关系，互不重复、互不交叉。

（2）**面分类法**　面分类法是指根据信息的属性或特征分成互相之间没有隶属关系的面，每个面都包含一组类目。将各个面中的一种类目组合在一起，形成一个复合类目。

以河流为例，河流按地貌、时间、通航情况等特征分为不同的特征面，每个特征面下包含一组类目，例如河流按地貌包含平原河、过渡河和山地河三个类目。

这种分类方法一般具有较大的信息载量，有利于对空间信息进行综合分析。

二、空间数据的编码

空间数据的编码是将数据分类的结果，用一种易于被计算机和人识别的符号系统表示出来的过程。编码的结果是代码。

1. 编码应遵循的原则

1）唯一性。代码和分类一一对应，尽量避免一个代码对应多种分类或多个代码对应一种分类。

2）可扩充性。如果将来要增添新的内容，尽量不改变原有体系而实现扩充，既减少用户熟悉新体系的麻烦，也减少数据库的转换和处理软件的改动，这样必须留有足够的备用代码。

3）易识别性。用户看到代码时，凭经验就可以知道事物的分类，并和其他事物产生对比联想。

4）简单性。代码越简单，人的记忆、操作越简单，计算机处理也越方便。

5）完整性。综合性信息系统牵涉的面很广，应全面考虑有关的信息类型与分类，防止顾此失彼。

2. 编码的步骤

1）列出全部对象清单。

2）制定对象分类、分级原则和指标，将对象进行分类、分级。

3）拟定分类代码系统。

4）设定代码及其格式。

5）建立代码和编码对象的对照表。这是编码最终成果档案，是数据输入计算机进行编码的依据。

3. 代码类型

地理信息系统中代码可以分为两种：一种是分类码，另一种是标识码。

1）分类码用于标识不同类别的数据，根据它可以从数据中查询出所需类别的全部数据。在分类码的基础上，对每类数据设计出全部或主要实体的标识码，对应某一类数据中的某个实体，如一个居民地、一条河流、一条公路等，方便进行个别查询检索，从而弥补分类码不能进行个体分离的缺陷。

2）标识码是联系实体几何信息和属性信息的关键字。

4. 编码方法

对应空间数据分类方法，编码方法有层次分类编码法和多源分类编码法两种。

（1）层次分类编码法 层次分类编码法对应前面线分类法，是按照分类对象的从属和层次关系为排列顺序的一种代码。

这里以"国家基础地理信息分类与编码方案"为例进行介绍。如图 3-2 所示，分类代码采用 6 位十进制数字码，由大类码、中类码、小类码和子类码组成，具体代码结构为：左起第一位为大类码；左起第二位为中类码；左起第三、四位为小类码；左起第五、六位为子类码。以水系为例，水系大类以数字 2 表示，其代码为 200000，中类在大类的基础上按 1、2、3…顺次排列，小类在中类的基础上按 01、02、03…排列，子类在小类的基础上按 01、02、03…排列，如湖泊的编码为 230101。

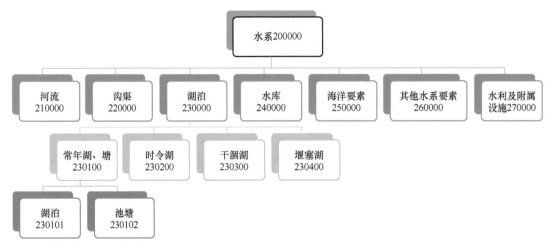

图 3-2　层次分类编码法

这种编码的优点是能够明确表示出分类对象的类别，代码结构有严格的隶属关系。

（2）多源分类编码法　多源分类编码方法，又称为独立分类编码方法，是指对于一个特定的分类目标，根据诸多不同的分类依据分别进行编码，各位数字代码之间没有隶属关系。表 3-1 以河流为例说明了多源分类编码方法。例如编码 111114322，表示该河流为平原河，常年河，通航，河床形状为树形，主流长 7km，宽 25m，河流弯曲，2.5km 的弯曲平均数为 40，弯曲的平均深度为 50，弯曲的平均宽度>75m。

表 3-1　河流编码的标准分类方案和编码系统表

地貌	时间	通航情况	形状	等级	河长	河宽	河流间的最短距离	弯曲度：2.5km 弯曲深度宽度
平原河 1	常年河 1	通航河 1	树状河 1	主〔要河〕流：一级 1	一组——1km 以下 1	一组——5~10m　1	50m　1	>40　>50　>50　1
过渡河 2	时令河 2	不通航河 2	平行河 2	支流：二级 2	二组——2km 以下 2	二组——10~20m　2	50~100m　2	>40　>50　>75　2
山地河 3	消失河 3		筛状河 3	三级 3	三组——5km 以下 3	三组——20~30m　3	100~200m　3	>25　>50　>75　3
			辐射河 4	四级 4	四组——10km 以下 4	四组——30~60m　4	200~400m　4	>25　>50　>100　4
			扇形河 5	五级 5	五组——10km 以上 5	五组——60~120m　5	400~500m　5	<25　>75　>150　5
			迷宫河 6	六级 6		六组——120~300m　6	500~1000m　6	
				七级 7		七组——300~500m　7	1000~2000m　7	
						八组——500m 以上　8		

【素养提示：建立标准规范意识】

基础地理信息要素的分类与编码要严格参照《基础地理信息要素分类与代码》（GB/T 13923—2022）进行。其他专题地理信息要素分类与编码首先考虑执行国家标准；如果没有，则执行相关行业标准。如果两者都没有，那么应参照相关的国际标准，求得最大限度的兼容和协调一致。

【巩固拓展】

1. 简述空间数据分类与编码方法。

2. 以本校数字校园建设项目为例，参照《基础地理信息要素分类与代码》（GB/T 13923—2022）进行该项目数据分类、编码。

任务 2　进行空间数据采集

【问题导入】

　　问题：某地理信息数据库建设中，前期准备有地图数据、摄影测量与遥感影像数据、现场实测数据、存在于其他系统中的共享数据、文字资料与统计数据等多种类型的数据来源，那么，如何将它们输入 GIS 空间数据库中？

3.2.1　空间数据采集方式

　　空间数据来源有很多，一般可以分为地图数据、影像数据、野外实测数据、共享数据、文字资料及统计数据等。空间数据的采集就是将不同形式来源的数据输入到 GIS 中。由于空间数据包括空间特征数据和属性特征数据，因此，空间数据采集包括空间特征数据采集和属性特征数据采集。

空间数据采集（微课视频）

一、空间特征数据采集

1. 地图数据

　　地图数据是 GIS 最主要的数据源。地图上具有共同参考坐标系统的点、线、面，内容丰富，图上实体间的空间关系直观，而且实体的类别或属性用各种不同的符号加以识别和表示。

　　地图数据的采集是地图的数字化过程，一般有地图跟踪数字化和地图扫描矢量化两种方式。

　　（1）地图跟踪数字化　地图跟踪数字化是将图纸平铺并固定在数字化板上，如图 3-3 所示，通过游标将地图图形要素（点、线、面）进行定位跟踪，并量测和记录运动轨迹的 X、Y 坐标值，获取矢量地图数据。

　　数字化仪采集的数据量小，数字化的速度比较慢，工作量大，自动化程度低，数字化的精度还与作业员的操作有很大关系。

　　（2）地图扫描矢量化　地图扫描矢量化的基本原理是：把地图扫描成栅格图像，然后将栅格图像转换为矢量数据。基本流程如图 3-4 所示，首先对原始文件进行扫描，形成

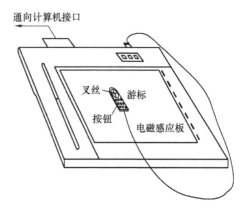

图 3-3　手扶跟踪数字化仪

栅格文件并进行编辑，借助 GIS 软件进行矢量化，得到矢量文件，对矢量文件编辑之后存储在空间数据库中。

图 3-4 扫描矢量化基本流程

扫描时，需要先进行扫描参数的设置，包括：

1）扫描模式的设置。对地形图的扫描一般采用灰度扫描。对彩色航片或卫片采用百万种彩色扫描，对黑白航片或卫片采用灰度扫描。

2）扫描分辨率的设置。根据扫描要求，对地形图的扫描一般采用 300dpi 或更高的分辨率。

3）扫描范围的设定。

4）针对一些特殊的需要，还可以调整亮度、对比度、色调等。

扫描参数设置完毕即可通过扫描获得某个地区的栅格数据。

扫描输入速度快、不受人为因素的影响、操作简单，再加上计算机运算速度、存储容量的提高、GIS 软件功能的增强，地图扫描矢量化采集是地图数据采集的主要方式。

2. 影像数据

影像包含遥感影像与摄影测量影像。

1）遥感是利用了地物的电磁波特性，即一切物体，由于其种类及环境条件不同，因而具有反射或辐射不同波长电磁波的特性。如图 3-5 所示，遥感技术的工作原理是，通过探测仪器接收来自目标地物的电磁波信息，经过对信息的处理，从而判读和分析地表的目标及现象。

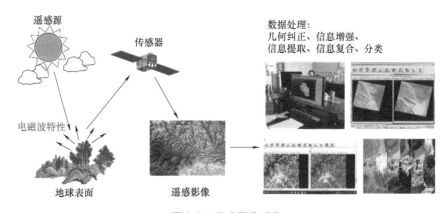

图 3-5 遥感影像采集

遥感影像含有丰富的资源与环境信息，为 GIS 提供大面积的、动态的、近实时的数据源，是 GIS 数据更新的重要手段。在 GIS 支持下，可以与地质、地球物理、地球化学、军事应用等方面的信息进行信息复合和综合分析。对遥感影像进行几何纠正、信息增强、信息提取，以及信息复合和分类等处理后，输入 GIS 中进行数据采集。

例如，全国土地调查就是以数字正射影像图（DOM）为数据源，依据影像特征，进行内业解译，通过矢量化获取土地利用信息。

2）摄影测量通常采用立体测量方法采集某一地区空间数据，对同一地区摄取两张或多张重叠的像片，在室内的光学仪器上或计算机内恢复它们的摄影方位，重构地形表面，即把野外的地形表面搬到室内进行观测。数字摄影测量基于数字影像与摄影测量的基本原理，应用计算机技术、数字影像处理、影像匹配、模式识别等多学科的理论与方法，提取所摄对象用数字方式表达的几何与物理信息。

GIS 对摄影测量数据的采集，首先采用全数字摄影测量系统对影像进行处理，得到数字线划图（DLG）、数字高程模型（DEM）、数字正射影像（DOM）等，然后装载到 GIS 软件中进行数据处理，如图 3-6 所示。

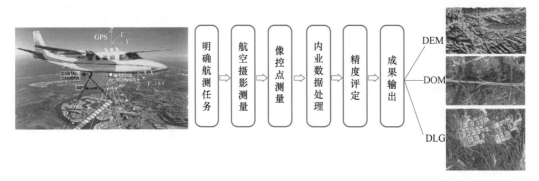

图 3-6　数字摄影测量

3. 野外实测数据

野外实测数据是指由全站仪、GNSS 等野外测量仪器获得 X、Y、Z 三维坐标数据，直接导入 GIS 中，或通过数字测图软件系统得到线划地形图，经过格式转换后输入 GIS 中。

4. 共享数据

GIS 的迅速发展和广泛应用，积累了大量数据资源，各单位在建设 GIS 及数据生产过程中，都拥有部分专业的基础地理信息数据，但由于不同时期数据生产方式的差异，及不同的生产单位获取地理空间数据的方法不同，往往造成基础数据存储格式及提取和处理手段也多样化，为数据综合利用带来不便。此时，需要对数据进行格式转换以实现数据共享。

目前，得到公认的几种重要的空间数据交换格式有 ESRI 公司的 Coverage、Shape、EOO 格式，AutoDesk 公司的 DXF 格式和 DWG 格式等。这些数据格式中相同的地理要素应具有相同的层、色，统一的空间实体编码，统一的数据标准，包括元数据的统一标准，为不同应用系统之间的数据共享提供了方便。

二、属性特征数据采集

属性数据即空间实体的特征数据，一般包括名称、等级、数量、代码等多种形式。属性数据的内容有时直接记录在栅格或矢量数据文件中，有时则单独输入数据库存储为属性文件，通过关键码与图形数据相联系。对于要直接记录到栅格或矢量数据文件中的属性数据，则必须先对其进行编码，将各种属性数据变为计算机可以接受的数字或字符形式，便于 GIS 存储管理。对于要输入属性库的属性数据，通过键盘可直接键入。

文字资料及统计数据是属性数据的重要来源。文字资料是指名称、等级、建设时间等；统计数据是指人口、基础设施建设等方面的大量统计资料。这些数据，有的可采用键盘、鼠标直接录入，例如，外业调查获得的纸质属性数据；有的需要通过分析计算才能获得，例如：建筑面积＝底层面积×层数，先利用公式计算出建筑面积，然后将分析计算结果为属性项赋值；对已有数据库中的属性数据或外业采集的电子形式的属性数据，进行转换、编辑、完善后可直接导入 GIS 数据库。

【素养提示：依法测绘，规范采集数据】

空间数据采集，首先要严格遵循《中华人民共和国测绘法》以及相关行业标准、规范，做到依法、规范采集数据。其次，要以严谨认真、实事求是的态度和精益求精的精神对待数据采集工作，杜绝错误、减小误差、提高精度，确保数据质量符合要求，为空间数据分析、应用提供高质量数据支持。

3.2.2　技能操作：进行扫描矢量化

一、任务布置

现有一幅扫描地形图，需根据项目需求，对其进行矢量化。通过任务实施，使学习者学会在 GIS 软件中扫描矢量化的流程、操作方法，了解需要注意的事项。

二、操作示范

1. 操作要点

1）打开软件，新建数据源。

2）通过"数据导入"功能，将扫描的地形图导入数据源中。

扫描矢量化（操作视频）

3）对扫描的地形图进行地图配准（此项任务将在"3.3.3 技能操作：地图配准"中专门介绍，此处采用的是已配准后的地形图，故此步骤省略）。

4）针对扫描的地形图进行地图要素分类与编码。

5）根据要素分类与编码结果新建数据集，包括点数据集、线数据集、面数据集、文本数据集等。

6）将扫描的地形图、新建数据集添加至地图。使新建数据集处于编辑状态，以扫描地形图为底图，开始绘制、编辑要素。

2. 注意事项

1）用于存储矢量化要素的数据集坐标系应与扫描的地形图坐标系一致。

2）矢量化过程中，要适当放大底图，提高要素绘制精度，从而保证成果质量。

3）属性表中字段类型设置中，应根据该字段值类型和范围正确选择字段类型。

4）熟悉软件快捷键功能，提高工作效率。

【素养提示：培养敬业、专注、精益、创新的工匠精神】

首先，扫描矢量化成果的精度与工作人员的态度有直接关系，因此，我们要以严谨认真、精益求精的态度对待工作，提高成果精度。其次，矢量化是一项任务繁重、耗时较长的工作，我们要将吃苦耐劳、执着专注的精神融入工作全过程。再次，工作中应培养创新意识，不断改进技术、方法。最后，发挥团队优势，合理分工、互助协作，提高工作效率。

三、任务实施

扫描矢量化（实验数据）

1）扫描二维码并下载数据。
2）新建数据源。
3）导入扫描的地形图。
4）针对扫描地形图进行要素分类与编码。
5）开始矢量化操作。

四、任务检查

以小组为单位，小组成员互相检查任务完成情况；指导、帮助没有完成的或成果存在错误的同学完成任务、修正错误。

五、成果提交

将任务成果（数据源文件）提交至指导教师处。

六、任务评价

姓名：		班级：	学号：		
评价项目	评价指标			分值	得分
任务完成情况	1. 成果为扫描矢量化数据源文件			10	
	2. 数据源中数据集类型正确，数据集数量符合要求，命名符合要求			20	
成果质量	3. 各数据集坐标系设置符合要求			10	
	4. 各数据集属性表结构符合要求			10	
	5. 各数据集采集数量符合要求			20	
	6. 要素绘制正确			10	
	7. 注重采集精度，具备精益求精意识			20	
合计				100	

3.2.3　技能操作: 将 CAD、Shape 数据导入 SuperMap 系统

一、任务布置

CAD 文件是工程中常用的数据类型, 大多数的工程图、规划图, 测绘实测的地形图, 一般采用 CAD 的格式进行存储。Shape 文件则是 GIS 领域通用的矢量数据文件, 用于存储空间特征数据和属性特征数据。本次技能操作任务是将 CAD 格式数据、Shape 格式数据转入 SuperMap 软件中, 实现数据共享。通过任务实施, 使学习者学会将 CAD、Shape 文件导入 SuperMap 软件的方法, 建立数据共享意识。

二、操作示范

1. 操作要点

1) CAD 数据文件导入。数据导入方式有两种: 一种是在 "开始" 选项卡、"数据导入" 组中选择 "AutoCAD" 进入 "打开" 对话框, 选择要导入的 CAD 文件; 另一种是在数据源上右击, 在右键菜单中选择 "导入数据集", 打开 "数据导入" 对话框, 添加需要导入的文件, 并进行结果设置。

CAD、Shape 数据导入 SuperMap 系统 (操作视频)

2) 采用同样的方法, 将 Shape 文件数据导入 SuperMap 软件中。

2. 注意事项

在 "数据导入" 对话框中, 根据实际情况进行结果设置, 例如: "数据集类型" "导入模式"。

【素养提示: 积极探索数据共享方式, 使各类资源得到合理、充分利用】

随着测绘技术、信息技术的发展, 当前空间数据种类繁多, 数据内容非常丰富, 数据量急剧增加。我们应充分发挥 GIS 技术优势实现多种类型的数据共享, 实现数据资源充分利用、采集成本最大限度节约的目的。

三、任务实施

1) 扫描二维码并下载数据。
2) 新建数据源。
3) 将 CAD 格式文件导入 SuperMap 软件中。
4) 将 Shape 文件数据导入 SuperMap 软件中。
5) 查看导入后的数据情况, 例如: 空间特征数据、属性特征数据。

CAD、Shape 数据导入 SuperMap 系统 (实验数据)

四、任务检查

以小组为单位, 小组成员互相检查任务完成情况; 指导、帮助没有完成的或成果存在错误的同学完成任务、修正错误。

五、成果提交

将任务成果（数据源文件）提交至指导教师处。

六、任务评价

姓名：		班级：	学号：		
评价项目	评价指标			分值	得分
任务完成情况	1. 成果为数据源文件			50	
	2. 数据源包含由 CAD 格式导入的数据集和 Shape 文件格式导入的数据集			50	
	合计			100	

 【巩固拓展】

1. 简述不同数据来源的空间数据采集方式。
2. 查阅资料，分析、总结提高矢量化成果精度和工作效率的方法。
3. 阅读《中华人民共和国测绘法》，绘制思维导图概括依法测绘的主要内容。

任务 3　进行空间数据坐标变换

【问题导入】

　　问题：某地理信息数据库项目建设中，前期采集的空间数据坐标系统与项目要求的目标坐标系不一致，为此，需要对空间数据坐标系统进行变换，确保项目所有数据在同一坐标系统中。那么，如何实现坐标系统变换？

　　空间数据坐标变换的实质是建立两个坐标系坐标点之间的一一对应关系，包括几何纠正和投影变换，它们是空间数据处理的基本内容之一。对于数字化地图，由于设备坐标系与用户坐标系不一致，以及原图图纸发生变形等原因，需要将数字化地图原图坐标系转换为用户坐标系并消除变形误差。另外，不同来源的地图还存在地图投影与地图比例尺的差异，因此，还需要进行地图投影转换和比例尺的统一。

3.3.1　空间数据坐标变换

一、几何纠正

　　几何纠正主要是针对通过扫描得到的地形图和遥感影像。由于如下几个原因，使扫描得到的地形图数据和遥感数据存在变形，必须加以纠正。

空间数据坐标变换（微课视频）

1）由于受地形图介质及存放条件等因素的影响，地形图的实际尺寸发生变形。

2）在扫描过程中，工作人员的操作会产生一定的误差，例如，扫描时地形图或遥感影像没被压紧、产生斜置或扫描参数的设置不恰当等，会使扫描的地形图或遥感影像产生变形，直接影响扫描质量和精度。

3）遥感影像本身就存在着几何变形。

4）地图图幅的投影与其他资料的投影不同，或需将遥感影像的中心投影或多中心投影转换为正射投影等。

5）扫描仪幅面过小，需要分块分幅扫描，分幅扫描进行拼接时产生误差。

1. 几何纠正方法

几何纠正是建立需要纠正的图像与标准地形图、地形图的理论数值或纠正过的正射影像图之间的变换关系，是消除或改正图像几何误差的过程。常见的几何纠正方法有高次变换、仿射变换、相似变换、双线性变换等。仿射变换是使用最多的一种几何纠正方法，可以对空间数据实施平移、旋转、缩放和偏斜变换，是一种二维坐标到二维坐标之间的线性变换。仿射变换可以用式（3-1）表示：

$$\begin{cases} X = Ax + By + C \\ Y = Dx + Ey + F \end{cases} \tag{3-1}$$

其中，

$$A = s_x \cos\alpha$$
$$B = s_y(k\cos\alpha - \sin\alpha)$$
$$D = s_x \sin\alpha$$
$$E = s_y(k\sin\alpha - \cos\alpha)$$

s_x = 在 x 方向上的比例尺变换

s_y = 在 y 方向上的比例尺变换

α = 原坐标系相对于新坐标系旋转的角度

C = x 方向上的平移量

F = y 方向上的平移量

$k = \tan\beta$

β = 图形偏斜度

由于公式中有 6 个未知参数，因此，需要不在一条直线上的 3 对或 3 对以上的控制点。实际工作中，通过利用 4 个以上的点进行几何纠正，运用最小二乘原理来求解它们的值，以提高变换精度。

由于在 x、y 方向上比例尺的变化不一样，在变换中，直线转换后仍为直线，平行线转换后仍相互平行，但由于将图形作一定角度的偏斜，并能在 x、y 方向上作不等比例的变换，因此，形状会发生改变。例如，一个圆可能会转化为一个椭圆，正方形可能会变为平行四边形，如图 3-7 所示。

如果坐标数据在 x 和 y 方向进行相同比例的缩放，同时进行旋转和平移，则称为相似变换。如图 3-8 所示，以左下角位于坐标原点的矩形实体为例，表示了相似变换中三种可能的坐标变换——平移变换、旋转变换、比例变换。

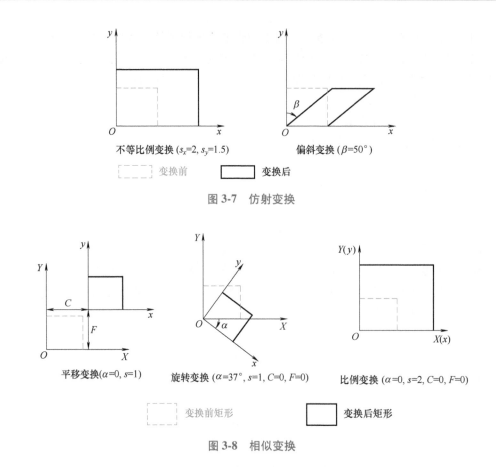

图 3-7　仿射变换

平移变换(α=0, s=1)　　旋转变换 (α=37°, s=1, C=0, F=0)　　比例变换 (α=0, s=2, C=0, F=0)

图 3-8　相似变换

可以看出，相似变换可以改变空间实体的大小和方向，保持空间实体几何形状不变。相似变换是仿射变换的特例，与仿射变换不同的是，x 和 y 方向上的比例变化相等。

2. 地形图与遥感影像纠正过程

（1）地形图纠正　地形图纠正一般采用四点纠正法或逐网格纠正法。四点纠正法一般是根据选定的数学变换函数，输入需纠正地形图的图幅行号、列号、地形图的比例尺、图幅名称等，生成标准图廓，分别采集四个图廓控制点坐标来完成。在四点纠正法不能满足精度要求的情况下采用逐网格纠正法。这种方法和四点纠正法的不同点就在于采样点数目的不同，它是逐方格网进行的，也就是说，对每一个方格网都要采点。

（2）遥感影像纠正　遥感影像纠正一般选用和遥感影像比例尺相近的地形图或正射影像图作为变换标准，选用合适的变换函数，分别在要纠正的遥感影像和标准地形图或正射影像图上采集同名地物点。具体采点时，要先采源点（影像），后采目标点（地形图）。选点时，要注意选点的均匀分布，点不能太多。如果在选点时没有注意点位的分布或点太多，不但不能保证精度，也会使影像产生变形。另外选点时，点位应选由人工建筑构成的并且不会移动的地物点，如渠或道路交叉点、桥梁等，尽量不要选河床易变动的河流交叉点，以免点的移位影响配准精度。

二、投影变换

要将地球椭球面上的空间信息表示在平面地图上，或用 GIS 地图图形显示出来，就必须要进行地图投影。地图投影方式有很多，GIS 中常用的有高斯投影、墨卡托投影、通用横轴墨卡托投影（简称 UTM 投影）、兰勃特投影、阿尔伯斯投影等。当 GIS 所使用的数据来自不同地图投影图幅时，需要将一种投影的数据转化为所需要的投影数据。

投影变换主要研究一种地图投影变为另一种地图投影的理论和方法，其实质是建立两平面点的一一对应关系。地图投影转换常用的方法有以下三种：

1. 正解变换

在原投影和新投影坐标系统之间建立一种解析方程式，直接将原投影的平面坐标 (x, y) 转化为新投影的平面坐标 (X, Y)。

2. 反解变换

将原投影的平面坐标根据投影坐标公式反解出地理坐标 $(x, y \rightarrow B, L)$，然后将地理坐标代入新投影坐标公式中 $(B, L \rightarrow X, Y)$，计算出在新投影系统中的平面坐标，从而实现由原投影坐标系统到新投影坐标系统的转换 $(x, y \rightarrow X, Y)$。

3. 数值变换

根据两种投影在变换区内的若干同名数字化点，采用插值法或待定系数法等，从而实现由一种投影坐标到另一种投影坐标的变换。

地图投影坐标系统的转换涉及比较复杂的数学运算，然而，大多数 GIS 软件系统都具有很强的易于使用的地图投影转换功能。例如，ArcGIS 的"投影和变换"工具，SuperMap 中"数据集投影变换"工具，都能实现不同投影坐标系统之间的转换。

3.3.2　技能操作：投影变换

一、任务布置

当同一项目中两个或多个数据坐标系统不一致，或者与所要求的坐标系不一致时，需要进行投影变换，实现坐标系统统一。本次技能操作任务是投影变换，包括查看数据坐标系、定义坐标系、动态投影、投影变换。通过任务的实施，使学习者学会投影变换的方法，为后续数据集成、分析奠定基础。

二、操作示范

1. 操作要点

投影变换（操作视频）

1）新建数据源，导入数据。

2）在数据集的"属性"面板中查看该数据坐标系。

3）在数据集的"属性"面板中重新设定坐标系。

4）动态投影。当把一个数据集添加到当前地图窗口时，如果该数据集与当前地图的坐标系统不一致，会显示"坐标提示"对话框，询问："当前地图窗口的数据坐标系统不一致，是否开启动态投影？"单击"是"，实现动态投影。动态投影并不改变数据集的坐标系统，仅用于同一地区、坐标系统不一致的数据集显示在同一地图窗口。

5）投影变换。在"开始"选项卡、"数据处理"组中选择"投影转换"，在下拉按钮中单击"数据集投影转换",打开"数据集投影转换"窗口,设置结果数据集及其目标坐标系统。目标坐系可以通过重设坐标系统、复制坐标系、导入坐标系等多种方式进行设置。

2. 注意事项

1)如果对投影变换精度要求较高,则需要结合区域位置对投影转换参数进行设置,包括三参数和七参数;如果对投影变换精度要求不高,可以忽略此项设置。

2)批量投影变换只有在同一个工作空间下存在两个或两个以上的数据源时才能使用。

【素养提示:建立标准规范意识】

严格参照《基础地理信息数据库基本规定》(GB/T 30319—2013)等国家标准选择投影方法和坐标系统,进行相应参数设置,确保空间数据坐标系统正确,使数据规范、可共享。

三、任务实施

投影变换(实验数据)

1)扫描二维码并下载数据。
2)新建数据源。
3)导入数据集。
4)查看坐标系。
5)进行投影变换。

四、任务检查

以小组为单位,小组成员互相检查任务完成情况;指导、帮助没有完成的或成果存在错误的同学完成任务、修正错误。

五、成果提交

将任务成果(数据源文件)提交至指导教师处。

六、任务评价

姓名:		班级:		学号:		
评价项目	评价指标				分值	得分
任务完成情况	1. 成果为数据源文件				20	
	2. 数据源包含投影变换前和投影变换后数据集				20	
成果质量	3. 投影变换后的各数据集坐标系统与项目要求一致				60	
合计					100	

3.3.3　技能操作：地图配准

一、任务布置

通过扫描得到的地图，其坐标系为物理坐标系，即基于设备（例如：数字化仪、扫描仪、屏幕）的坐标系，与用户要求坐标系不一致。在使用时，需要通过地图配准实现物理坐标到用户坐标的转换。

地图配准是 GIS 软件的基本功能，也是进行地图矢量化的重要步骤。地图配准的实质就是建立物理坐标和用户坐标的转换关系，实现从物理坐标到用户坐标的转换。其中，物理坐标是指基于仪器设备的坐标，如数字化仪、屏幕坐标、扫描仪等。用户坐标是指用户进行空间分析时所需要的，能正确说明地理对象空间位置、空间距离等性质的坐标。

本次技能操作任务是对扫描得到的一幅地形图进行地图配准。通过任务实施，使学习者学会地图配准的操作流程和方法，掌握提高配准精度的方法。

二、操作示范

地图配准（操作视频）

1. 操作要点

1）新建数据源。

2）导入需要配准的地形图。

3）新建配准。在"开始"选项卡、"数据处理"组中选择"配准"，在下拉按钮中单击"新建配准"，打开"新建配准"向导，选择配准数据和参考数据。本例中有坐标格网点，故不需要参考数据。

4）选择配准方法。

5）选取控制点。在"配准"选项卡、"控制点设置"组中单击"刺点"，在坐标格网点上刺点。在控制点信息表中输入该点在目标坐标系下 X、Y 的坐标值。由于本例选用的是线性配准算法，因此需要至少 4 个控制点。

6）计算误差。在"配准"选项卡、"运算"组中单击"计算误差"，得到配准误差。如果配准误差符合精度要求，则执行配准；反之，要编辑误差较大的控制点，使之满足精度要求。

7）执行配准。在"配准"选项卡、"运算"组中单击"配准"，打开"配准结果设置"对话框，设置配准结果数据源和数据集，完成配准。

8）对配准后的地形图进行坐标系设置。在该数据集的"属性"面板中通过"重新设定坐标系"工具，实现坐标系设置。

2. 注意事项

1）在执行刺点工作前，一定要将地图放大到能很清晰地识别控制点的状态，如此可以提高刺点精度，从而提高地图配准精度。

2）软件中的 X 坐标为横向坐标、Y 坐标为纵向坐标，与测量坐标系相反，因此在输入控制点坐标时要特别注意。

3）对于中小比例尺、采用梯形分幅的地图，配准算法应选用"二次多项式（至少7个控制点）"。

【素养提示：精益求精，提高配准精度，提高空间数据质量】

以精益求精的态度对待地图配准工作，选择合适的配准方法，精准刺点，减小配准误差，提高配准精度。

三、任务实施

1）扫描二维码并下载数据。
2）对实验数据进行地图配准。
3）对配准后的地形图进行坐标系设置。

地图配准（实验数据）

四、任务检查

以小组为单位，小组成员互相检查任务完成情况；指导、帮助没有完成的或成果存在错误的同学完成任务、修正错误。

五、成果提交

将数据源文件、配准过程截图提交至指导教师处。

六、任务评价

姓名：	班级：		学号：	
评价项目	评价指标		分值	得分
任务完成情况	1. 成果为数据源文件		10	
	2. 数据源包含原始数据集和配准后数据集		20	
成果质量	3. 配准方法选择正确		10	
	4. 控制点位置清晰，分布均匀，能覆盖整个区域		20	
	5. 控制点数量符合要求		10	
	6. 配准精度符合项目要求		30	
	合计		100	

【巩固拓展】

1. 简述投影变换、地图配准各自适用的场合。
2. 简述投影变换方法和流程。
3. 简述地图配准流程及注意事项。

任务 4　进行空间数据结构转换

【问题导入】

　　问题：某国土规划项目中，耕地图斑为矢量数据，地形坡度数据为栅格数据，需要将耕地数据转换为栅格数据以方便两个图层进行叠置分析，从而提取满足一定坡度的耕地数据。该项目处于建设实施阶段，为方便坐标放样工作，需要将上述成果数据转换为矢量数据。那么，如何实现栅格数据结构与矢量数据结构的互相转换？

3.4.1　空间数据结构转换

　　地理信息系统的空间数据结构主要有栅格数据结构和矢量数据结构，它们是表示地理信息的两种不同方式，并且各具特点和适用性。在实际应用中，有时需要根据系统需求进行数据结构的转换。栅格结构向矢量结构转换又称为矢量化，其目的是将栅格数据分析的结果，通过矢量绘图输出，

空间数据结构转换（微课视频）

或者为了数据压缩的需要，将大量的面状栅格数据转化为由少量数据表示的多边形边界。由于矢量数据直接用于多种数据的复合分析等处理比较复杂，另外土地覆盖和土地利用等数据常常从遥感影像（栅格数据）获得，因此矢量数据在与栅格数据叠置复合分析时，需要从矢量结构转换为栅格结构，即栅格化。

一、栅格数据结构向矢量数据结构的转换

栅格数据结构向矢量数据结构的转换的基本过程如图 3-9 所示。

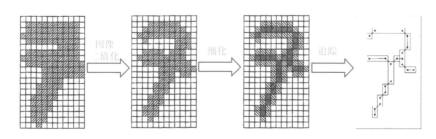

图 3-9　栅格数据结构转换为矢量数据结构的基本过程

1. 图像二值化

在点、线、面的提取过程中，如果栅格取值过多，难以实现边界线的提取时，要先进行图像的二值化，就是把原本以不同灰度值的像元用 0 和 1 两个值表示。二值化过程中，需要设定一个阈值，如果像元灰度值大于阈值则设为 1，否则设为 0。

2. 细化

细化是消除线划横断面栅格数的差异，使得每一条线只保留代表其轴线或周围轮廓线

（对面状地物而言）位置的单个栅格的宽度。栅格线细化方法有很多，最具代表性的是剥皮法和骨架法。

剥皮法的基本思路是：从线的边缘两侧开始，每次剥去等于一个栅格宽度的一层，直到最后仅剩下彼此相连的由单个栅格组成的图形。因为一条线在不同位置可能有不同的宽度，故在剥皮过程中必须注意一个条件，即不允许剥去会导致曲线不连通的栅格。

3. 追踪

追踪的目的是将写入数据文件的细化处理后的栅格数据，整理为从节点出发的线段或闭合的线条，并以矢量形式存储于特征栅格点中心的坐标。跟踪时，从图幅西北角开始，按顺时针或逆时针方向，从起始点开始，根据 8 个领域进行搜索，依次跟踪相邻点，并记录节点坐标，直到完成全部栅格数据的矢量化。

4. 线的简化及曲线光滑

由于搜索是逐个栅格进行的，必须去除由此造成的多余点，以减少数据冗余；搜索得到的结果曲线由于栅格精度的限制可能不够光滑，需采用插补算法进行光滑处理。

二、矢量数据结构向栅格数据结构的转换

1. 栅格尺寸的确定

矢量数据结构向栅格数据结构转换时，首先必须考虑的问题是栅格单元的大小（Δx、Δy），即设置栅格图像的分辨率，依据是原矢量图的大小、精度要求以及所研究问题的性质。例如，对某一地区的地形图进行栅格化，必须考虑地形的起伏变化，当起伏变化较大时，必须采用高分辨率，才能真实反映地形变化情况。当希望将转换得到的栅格数据与卫星影像图匹配时，应尽量取相同的分辨率，以便进行各种处理。

2. 建立两种数据结构坐标系之间的对应关系

矢量数据结构的基本坐标是直角坐标 (x, y)，原点在图的左下方，如图 3-10 所示；栅格数据结构的基本坐标是行和列 (i, j)，原点在图的左上方，如图 3-11 所示。根据所设定的分辨率，即像元大小 Δx、Δy，利用图像的边界范围 $x_{\max}$、$x_{\min}$、$y_{\max}$、$y_{\min}$，根据式（3-2）求出转换后栅格的行列数（图 3-11 中的 i，j），得出栅格数据的覆盖范围，从而估算数据量。

$$\begin{cases} i = \dfrac{y_{\max} - y_{\min}}{\Delta y} \\ j = \dfrac{x_{\max} - x_{\min}}{\Delta x} \end{cases} \tag{3-2}$$

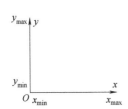

图 3-10　矢量坐标系

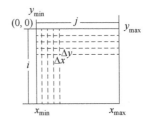

图 3-11　栅格坐标系

3. 点、线、多边形的栅格化

（1）点的栅格化 点的转换十分简单，根据两种数据结构的坐标转换方法和公式，利用点的行和列值计算式（3-3）求出行、列坐标 i、j。点落在哪个网格就是哪个栅格元素，根据点对象的属性赋予该像元属性值。

$$\begin{cases} i = 1 + \text{Int}\left[\left(y_{max} - y\right)/\Delta y\right] \\ j = 1 + \text{Int}\left[\left(x_{max} - x\right)/\Delta x\right] \end{cases} \tag{3-3}$$

（2）线的栅格化 线矢量数据向栅格转换，需要求解线段所经过的栅格单元的集合。由于折线、曲线等都可以看成是由若干条直线段组成或逼近，所以线的栅格化实际上是相邻两点间直线段的栅格化。对直线段栅格化的步骤是：首先对线段的两个端点栅格化，然后栅格化中间部分。对线段中间部分栅格化可以采用扫描线法实现。

设线段两端点坐标分别为 (x_1, y_1) 和 (x_2, y_2)，栅格化后的单元行列值分别为 (i_1, j_1) 和 (i_2, j_2)。设行数差为 $\Delta i = |i_2 - i_1|$，列数差为 $\Delta j = |j_2 - j_1|$。此时分两种情况处理：

第一种情况是行数差大于列数差，平行于 x 轴作每一列的中心线，称为扫描线，如图 3-12a 中的虚线。求每一条扫描线与线段的交点，按点的栅格化方法将交点转为栅格坐标。

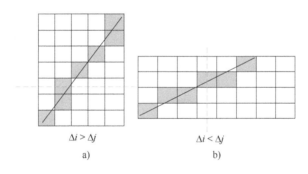

$\Delta i > \Delta j$ $\Delta i < \Delta j$

a)   b)

图 3-12 线段栅格化的两种处理方法

第二种情况是行数差小于列数差，平行于 y 轴作每一列的中心线（即扫描线），如图 3-12b 中的虚线，再求每一条扫描线与线段的交点，按点的栅格化方法将交点转换为栅格坐标。

（3）多边形的栅格化 矢量多边形的栅格化包括两项工作，即轮廓线的栅格化和面域的填充。其中，轮廓线按线的栅格化方法处理；面域的填充即轮廓线内的栅格单元赋予多边形的属性值。面域填充算法有内部点扩散法、复数积分算法、射线法和扫描线法等，这里仅介绍射线法。其基本原理是：由待判点向图外某点引射线，判断该射线与某多边形所有边界相交的总次数，如相交偶数次，则待判点在该多边形外部；如为奇数次，则待判点在该多边形内部，如图 3-13 所示。

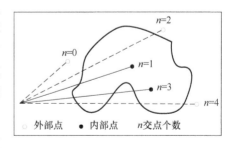

图 3-13 射线法填充面域

需要注意的是，射线与多边形边界相交时，有相切、重合、不连通的情况，会影响交点的个数，必须予以排除。

3.4.2 技能操作：进行空间数据结构转换

一、任务布置

当数据来源类型（例如：点、线、面）与具体项目要求类型不一致时，需要进行数据类型的转换；当数据来源与所要求的数据结构不一致时，需要进行数据结构的转换。本次技能操作任务是实施空间数据类型转换、数据结构转换。通过任务实施，使学习者学会空间数据类型转换、空间数据结构转换的操作方法。

二、操作示范

1. 操作要点

1）在软件中打开数据源，包含矢量数据集和栅格数据集。

2）空间数据类型转换。以面数据集转换为线数据集为例。在"数据"选项卡、"数据处理"组中选择"类型转换"，在下拉菜单中选择"面->线"，打开"面->线"对话框，设置结果数据源和数据集，完成面数据集向线数据集的转换。

进行空间数据结构转换（操作视频）

3）栅格数据矢量化。在"空间分析"选项卡、"栅格分析"组中选择"矢栅转换"，在下拉菜单中选择"栅格矢量化"，打开"栅格矢量化"对话框，设置源数据、结果数据，进行栅格设置、环境设置等操作。各项设置完成后，单击"确定"完成栅格数据矢量化。

4）矢量数据栅格化。在"空间分析"选项卡、"栅格分析"组中选择"矢栅转换"，在下拉菜单中选择"矢量栅格化"，打开"矢量栅格化"对话框，设置源数据、结果数据，进行参数设置、环境设置等操作。各项设置完成后，单击"确定"完成矢量数据栅格化。

2. 注意事项

根据项目要求选择空间数据转换工具和相应参数设置。

三、任务实施

1）扫描二维码并下载数据。

2）实施空间数据类型转换。

3）实施栅格数据矢量化。

4）实施矢量数据栅格化。

进行空间数据结构转换（实验数据）

四、任务检查

以小组为单位，小组成员互相检查任务完成情况；指导、帮助没有完成的或成果存在错误的同学完成任务、修正错误。

五、成果提交

将任务成果（数据源文件）提交至指导教师处。

六、任务评价

姓名：		班级：		学号：		
评价项目	评价指标				分值	得分
任务完成情况	1. 成果为数据源文件				20	
	2. 数据源包含栅格数据集和矢量数据集，以及结构转换后的数据集，成果完整				30	
成果质量	3. 矢量与栅格转换操作中各项参数设置符合要求				50	
合计					100	

【巩固拓展】

1. 简述哪些情况下需要进行空间数据结构转换。
2. 空间数据结构转换后数据精度有没有变化？试说明原因。

任务 5　进行空间数据编辑

【问题导入】

　　问题：通过矢量化获取的空间数据不可避免地存在错误或误差，属性数据录入时也难免会存在错误。为保证空间实体位置精确、属性正确，需要对空间特征数据和属性特征数据进行检查、编辑工作。那么，如何进行数据检查和编辑？

　　在空间数据输入完成后，必须进行一定的数据编辑，以更正数据输入过程中的错误，正确反映地物之间的关系，使数据达到建立拓扑关系的要求。数据编辑的主要内容包括两方面：一是点、线、面图形及属性的编辑；二是数据的拼接。

3.5.1　空间数据编辑

一、空间数据的编辑

空间数据编辑（微课视频）

　　通过地图数字化所获取的原始空间数据，都不可避免地存在错误或误差，属性数据在建库输入时，也难免会存在错误。所以，对图形数据和属性数据进行一定的检查、编辑是非常必要的。

　　1. 图形数据和属性数据的错误或误差

　　图形数据和属性数据的错误或误差主要包括以下几个方面：

　　1）空间数据的不完整或重复。其主要包括空间点、线、面数据的丢失或重复，栅格数据矢量化时引起的断线等。

2）空间数据位置的不准确。主要包括空间点位的不准确，线段过长或过短，线段的断裂，相邻多边形节点的不重合等。

3）空间数据比例尺不准确。

4）空间数据的变形。

5）空间属性和数据关联有误。

6）属性数据不完整。

如图 3-14 所示，图中存在伪节点，它使一条完整的线变成两段。造成伪节点的原因常常是录入中断，没有一次性录入完。图 3-15 是悬挂节点，如果一个节点只与一条线相连接，那么该节点称为悬挂节点。悬挂节点有多边形不闭合、不及、过头和节点不重合等几种情形。图 3-16 存在碎屑多边形，也叫条带多边形。一般是由于重复录入引起的，前后两次录入同一条线的位置不可能完全一致，因此产生碎屑多边形。另外，用不同比例尺的地图进行数据更新时，也可能产生

图 3-14　伪节点

碎屑多边形。图 3-17b 是不正规的多边形，它是由于输入线时，点的次序倒置或者位置不准确引起的。在进行拓扑生成时，同样会产生碎屑多边形。

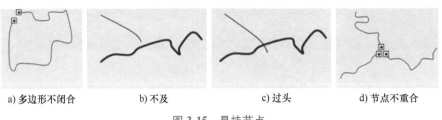

a) 多边形不闭合　　　b) 不及　　　c) 过头　　　d) 节点不重合

图 3-15　悬挂节点

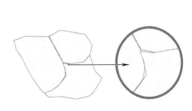

图 3-16　碎屑多边形

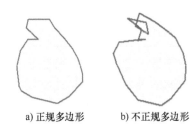

a) 正规多边形　　　b) 不正规多边形

图 3-17　正规多边形与不正规多边形

2. 数据检查方法

为发现并有效改正错误、消除误差，一般采用叠合比较法、目视检查法、逻辑检查法等方法进行检查。

（1）空间特征数据检查

1）叠合比较法，是按与原图相同的比例尺，把数字化的内容绘在透明材料上，然后与原图叠合在一起，在透光桌上仔细观察和比较。叠合比较法是空间数据数字化正确与否的最佳检核方法。

一般说来，对于空间数据的比例尺不准确和空间数据的变形马上就可以观察出来。对于空

间数据的位置不完整和不准确的情况，则须用粗笔把遗漏、位置错误的地方明显地标注出来。

2）目视检查法，是在屏幕上用目视检查的方法，检查一些明显的数字化误差与错误，例如，线段过长或过短，多边形的重叠和裂口，线段的断裂等。

3）逻辑检查法，是基于拓扑关系进行逻辑一致性检查的方法。拓扑关系是地理要素间的空间关系。目前 GIS 软件都提供了空间拓扑分析功能，方便用户对地理空间数据进行拓扑错误检查和处理，包括：去除冗余顶点、悬线、重复线、碎多边形的检查、显示和清除，节点类型识别（普通节点、伪节点和悬节点），弧段交叉和自交叉，长悬线延伸，伪节点合并，多边形建立等。

（2）属性特征数据检查 对于属性特征数据，在建立空间数据库时就已对属性数据的字段类型、长度进行了定义，当属性数据类型、长度等不符合要求时，将不会被输入。属性数据值主要是文字、数字、字符等，可以通过目视检查法来进行数据错误的修正。

3. 处理办法

对于数字化误差的处理，许多软件已能自动进行多边形节点的自动平差。例如，节点吻合，或称节点匹配，如图 3-18 所示，方法有：节点移动，用鼠标将其他两点移到另一点；鼠标拉框，用鼠标拉一个矩形，落入该矩形内的节点坐标通过求它们的中间坐标匹配成一致；求交点，求两条线的交点或其延长线的交点，作为吻合的节点；自动匹配，给定一个吻合容差，或称为咬合距，在图形数字化时或之后，将容差范围内的节点自动吻合成一点。

| a) 节点移动 | b) 鼠标拉框 | c) 求交点 | d) 自动匹配 |

图 3-18 节点吻合

对于空间数据的不完整或位置的误差，主要通过 GIS 软件的图形编辑功能进行处理，如删除（目标、属性、坐标）、修改（平移、拷贝、连接、分裂、合并、整饰）、插入等。

对于空间数据比例尺的不准确和变形，可以通过比例变换和纠正进行处理。

二、图形拼接

在对底图进行数字化时，由于图幅比较大或者使用小型数字化仪时，需要将整个图幅划分成几部分分别数字化。在所有部分都输入完毕后，相邻两图幅（图 3-19）需要进行拼接，常常会有边界不一致的情况（图 3-20），因此需要进行边缘匹配处理。

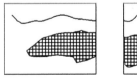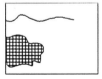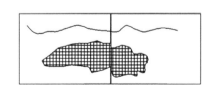

图 3-19 相邻图幅   图 3-20 边缘不匹配

图形拼接处理，类似于悬挂节点处理，可以由计算机自动完成，或者辅助以手工半自动完成。现在大多数的地理信息系统都支持地图图幅边缘不一致的自动校正。自动校正的过程比较费时，因为在连接边缘的每一个不一致的地方，都需要考虑如何对线进行移动，是移动一条线还是两条都移动。当两个相邻边缘的拼接过程完成后，表示边界的多边形会被删除。

图幅的拼接总是在相邻两图幅之间进行的。要将相邻两图幅之间的数据集中起来，就要求相同实体的线段或弧的坐标数据相互衔接，也要求同一实体的属性码相同，因此必须进行图幅数据边缘匹配处理。

具体步骤如下：

1. 逻辑一致性的处理

由于人工操作的失误，两个相邻图幅的空间数据在接合处可能出现逻辑裂隙，如图 3-21 所示，一个多边形在一幅图层中属性为 A，而在另一幅图层中属性为 B，此时，必须使用交互编辑的方法，使两相邻要素的属性相同，取得逻辑一致性。

2. 识别和检索相邻图幅

图幅在拼接前已经完成投影变换和坐标系的统一，因此在输入到 GIS 软件系统中时，这一步操作软件自动完成。

3. 相邻图幅边界点坐标数据的匹配

相邻图幅边界点坐标数据的匹配采用追踪拼接法，如图 3-22 所示。只要符合下列条件，两条线段或弧段即可匹配：第一，相邻图幅边界两条线段或弧段的左右码各自相同或相反；第二，相邻图幅同名边界点坐标在某一允许范围内（如±0.5mm）。

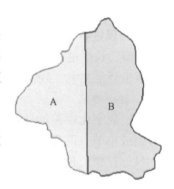

图 3-21　逻辑不一致

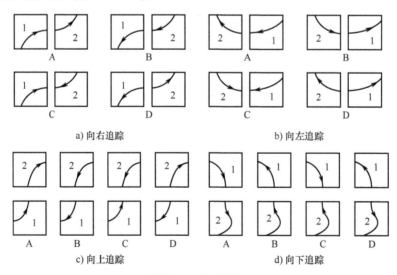

图 3-22　追踪拼接法

匹配时，以一条弧或线段为处理单元。当边界点位于两个节点之间时，须分别取出相关的两个节点，然后按照节点之间线段方向一致性的原则进行数据的记录和存储。

4. 相同属性多边形公共边界的删除

当图幅内图形数据拼接后，相邻图斑会有相同属性。此时，应将相同属性的两个或多个相邻图斑组合成一个图斑，即消除公共边界，并对公共属性进行合并，如图 3-23 所示。

图 3-23 相同属性多边形公共边界的删除

3.5.2 技能操作：进行空间数据编辑

一、任务布置

空间数据在采集过程中可能会存在错误或者较大的误差，此时需要编辑空间数据，包括空间特征数据的编辑和属性特征数据的编辑。本次技能操作任务是，以影像为底图，对其矢量化的空间数据进行编辑。通过任务实施，使学习者认识空间数据编辑工具，学会空间数据的编辑方法，为空间数据入库做准备。

二、操作示范

1. 操作要点

编辑空间数据（操作视频）

1）打开数据源。

2）将影像、矢量化数据添加到地图窗口。

3）进入编辑状态。在"图层管理器"中，将需要编辑的图层设置为可编辑状态。

4）几何要素编辑。以某线对象修剪为例。在"对象操作"选项卡、"对象编辑"组中选择"修剪"工具，在地图窗口中单击基线要素，然后单击需要修剪的线要素一侧，该处的线要素被基线裁剪。

5）属性数据编辑。在数据集右键菜单中选择"浏览属性表"，打开属性表，可以进行属性表数据修改、计算操作。在数据集"属性"面板中可以进行属性表结构的修改。

6）要素复制。将结果图层设置为可编辑状态，在地图窗口中选中复制的要素，右击"复制"，在地图窗口空白区域右击，选择快捷菜单中的"粘贴"，完成要素复制。

2. 注意事项

1）空间数据编辑中，影像等栅格格式的数据应放在最下面一层显示，其上面是矢量格式的面要素（占地面积大的图层在下面、占地面积小的的图层在上面）、线要素、点要素、文本数据。

2）应将面要素以一定的透明度进行显示，方便查看底图和编辑。

3）编辑时，应将数据放大到底图较清晰的程度，以便更好地检查和编辑数据。

【素养提示：培养工匠精神，强化质量与责任意识】

空间数据编辑是对其数字化过程中存在的错误、较大误差进行修正，是提高空间数据质量很重要的一环。我们要以认真负责的态度对待空间数据编辑工作。

三、任务实施

1）扫描二维码并下载数据。

2）打开数据源文件。

3）将影像、矢量数据显示在一个地图窗口中。

4）开启图层编辑状态，进行要素编辑。

5）保存工作空间。

编辑空间数据（实验数据）

四、任务检查

以小组为单位，小组成员互相检查任务完成情况；指导、帮助没有完成的或成果存在错误的同学完成任务、修正错误。

五、成果提交

将任务成果（数据源文件）提交至指导教师处。

六、任务评价

姓名：		班级：	学号：		
评价项目		评价指标		分值	得分
任务完成情况	1. 成果为数据源文件			10	
	2. 数据源中数据集正确			20	
成果质量	3. 空间特征数据编辑完成，结果正确，精度高			40	
	4. 属性特征数据编辑完成，结果正确			30	
	合计			100	

 【巩固拓展】

1. 简述需要进行空间数据编辑的原因。
2. 简述空间特征数据和属性特征数据的质量检查方法。

任务6 进行拓扑检查与编辑

【问题导入】

问题：当空间数据存在重复、压盖现象，有空隙、碎屑多边形等错误时，只靠人的眼睛是很难检查出来的。拓扑检查可用于空间数据拓扑一致性检查、碎片检查和接边检查等，保证空间数据质量，是空间数据入库前必须进行的工作。那么，如何建立拓扑关系？如何进行拓扑检查？

拓扑关系能清楚地反映实体之间的逻辑结构关系，比几何数据有更大的稳定性，不随投影的变化而变化，因此更利于空间查询、重建地理实体。除此之外，拓扑关系还用于空间数据拓扑一致性检查、碎片检查和接边检查等，保证空间数据质量。因此，建立拓扑关系在 GIS 中是必不可少的工作。目前，拓扑关系由计算机自动生成，大多数 GIS 软件提供了完善的拓扑功能；但是在某些情况下，需要对计算机创建的拓扑关系进行手工修改。建立拓扑关系时只需要关注实体之间的连接、相邻关系，而节点的位置、弧段的具体形状等非拓扑属性则不影响拓扑的建立过程。

3.6.1 拓扑关系建立

一、节点与弧段拓扑关系的建立

拓扑关系的建立
（微课视频）

节点与弧段拓扑关系的建立有两种方案：第一种方案是在图形采集和编辑中实时建立，此时有两个文件表（图 3-24），一个记录节点所关联的弧段，另一个记录弧段两端的节点，表示节点和弧段的关联关系；第二种方案是在图形编辑之后，系统自动建立拓扑关系，基本思想与第一种方案一样。

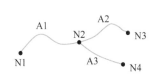

弧段-节点表

ID	起节点	终节点
A1	N1	N2
A2	N2	N3
A3	N2	N4

节点-弧段表

ID	弧段号
N1	A1
N2	A1, A2, A3
N3	A2
N4	A3

图 3-24 节点与弧段拓扑关系

二、多边形拓扑关系的建立过程

多边形拓扑关系实质是描述节点、弧段、多边形间的关系，包括节点与弧段、弧段与节点、弧段与多边形。

1. 链的组织

如图 3-25 所示，找出在链的中间相交的情况，而不是在端点相交的情况，自动切成新链；把链按一定顺序存储，如按最大或最小的 x 或 y 坐标的顺序，这样查找和检索都比较方便，然后把链按顺序进行编号。

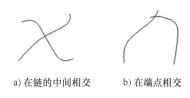

a) 在链的中间相交　　　　b) 在端点相交

图 3-25 链相交的形式

2. 节点匹配

把一定限差内链的端点作为一个节点，其坐标值取多个端点的平均值（如图 3-26 所示），然后对节点按顺序进行编号。

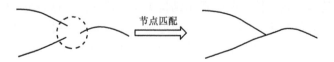

图 3-26　节点匹配

3. 检查多边形是否闭合

通过判断一条链的端点是否有与之匹配的端点来检查多边形是否闭合。如图 3-27 所示，弧 a 的端点 P 没有与之匹配的端点，因此无法用该条链与其他链组成闭合多边形。

多边形不闭合的原因可能是节点匹配限差的问题造成应匹配的端点未匹配，或数字化误差较大，或数字化错误，这些可以通过图形编辑或重新确定匹配限差来确定。另外，还可能因为这条链本身就是悬挂链，不需参加多边形拓扑，这种情况下可以作一标记，使之不参加下一阶段拓扑建立多边形的工作。

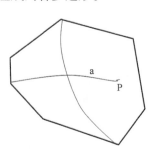

图 3-27　多边形闭合检查

4. 建立多边形

建立多边形是矢量数据自动拓扑中最关键的部分，首先需要了解两个概念。

1）顺时针方向构多边形，即多边形在链的右侧，如图 3-28 所示。如图 3-28c 所示，多边形在闭合曲线内；图 3-28d 中，多边形在闭合曲线外。

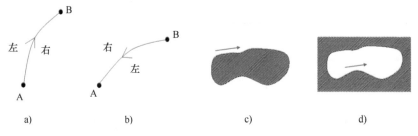

a)　　　　　　　　b)　　　　　　　　c)　　　　　　　　d)

图 3-28　顺时针构多边形

2）最靠右边的链，是指从链的一个端点出发，在这条链的方向上最右边的第一条链，实质上它也是左边最近链。如图 3-29 所示，a 的最右边的链为 d。找最靠右边的链可通过计算链的方向和夹角实现。

（1）建立多边形的基本过程

1）顺序取一个节点为起始节点，取完为止；取过该节点的任一条链作为起始链。

2）取这条链的另一节点，找这个节点上靠这条链最右边的链，作为下一条链。

3）是否回到起点：是，已形成一多边形，记录之，并转4）；否，转2）。

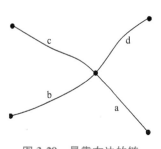

图 3-29　最靠右边的链

4）取起始点上开始的，刚才所形成多边形的最后一条边作为新的起始链，转2）；若这条链已用过两次，即已成为两个多边形的边，则转1）。

（2）建立多边形的过程（以图 3-30 为例）

1）从 P1 节点开始，起始链定为 P1P2；从 P2 点算起，P1P2 最右边的链为 P2P5；从 P5 算起，P2P5 最右边的链为 P5P1。所以，形成的多边形为 P1P2P5P1。

2）从 P1 节点开始，以 P1P5 为起始链，形成的多边形为 P1P5P4P1。

3）从 P1 节点开始，以 P1P4 为起始链，形成的多边形为 P1P4P3P2P1。

4）这时 P1 为节点的所有链均被使用了两次，因而转向下一个节点 P2，继续进行多边形追踪，直至所有的节点取完。共可追踪出五个多边形，即 A1、A2、A3、A4、A5。

5. 确定多边形的属性

在追踪出每个多边形的坐标后，经常需确定该多边形的属性。如果在原始矢量数据中，每个多边形有内点（图 3-31），则可以把内点与多边形匹配后，把内点的属性赋予多边形。由于内点的个数必然与多边形的个数一致，所以，还可用来检查拓扑的正确性。如果没有内点，则必须通过人机交互，对每个多边形赋属性。

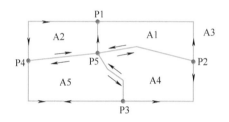

图 3-30　多边形建立过程

图 3-31　根据内点确定多边形属性

3.6.2　技能操作：拓扑检查与编辑

一、任务布置

逻辑一致性是评价空间数据质量的指标之一。GIS 软件的拓扑检查与编辑功能能够检查空间数据中的逻辑关系错误，例如，相邻的行政区划（面要素）有空隙、重叠等现象，对于保证空间数据质量有着重要的作用。本次技能操作任务是空间数据的拓扑检查与编辑，包括拓扑预处理、拓扑检查、数据编辑等工作。通过任务实施，使学习者学会空间数据拓扑检查、编辑方法，为空间数据入库做准备。

二、操作示范

1. 操作要点

1）加载数据。

拓扑检查与编辑
（操作视频）

2）拓扑预处理。在"数据"选项卡、"拓扑"组中选择"拓扑预处理"，在其下拉菜单中选择"二维拓扑预处理"，打开"二维拓扑预处理"对话框。在此对话框中进行数据集设置、参数设置等操作。

3）拓扑检查。在"数据"选项卡、"拓扑"组中选择"拓扑检查"工具，打开"拓扑检查"对话框。在此对话框中进行数据集设置，参数设置，例如：拓扑规则、拓扑容差、结果数据等。

4）数据编辑。利用"对象操作"选项卡、"对象编辑"组中的编辑工具对空间数据进行编辑。

2. 注意事项

根据项目实际情况确定拓扑规则和容差。

拓扑检查与编辑
（实验数据）

【素养提示：树立工匠精神，质量与责任意识】

在空间数据入库前，我们一定要进行空间数据拓扑检查与编辑，确保数据逻辑关系正确。

三、任务实施

1）扫描二维码并下载数据。

2）打开实验数据中的数据源。

3）进行拓扑预处理。

4）进行拓扑检查与编辑。

5）保存编辑成果。

四、任务检查

以小组为单位，小组成员互相检查任务完成情况；指导、帮助没有完成的或成果存在错误的同学完成任务、修正错误。

五、成果提交

将任务成果（数据源文件）提交至指导教师处。

六、任务评价

姓名：		班级：	学号：	
评价项目	评价指标		分值	得分
任务完成情况	1. 成果为数据源文件		10	
	2. 数据源中数据集完整		10	
成果质量	3. 多边形拓扑编辑结果正确，无重叠、无裂隙、无碎屑多边形等		40	
	4. 道路线拓扑编辑结果正确，无重复对象		40	
合计			100	

【巩固拓展】

1. 拓扑关系有哪些作用?

2. 拓扑检查主要检查哪些错误?

任务 7　进行空间数据质量分析与控制

【问题导入】

　　问题：空间数据是 GIS 的核心，其质量的优劣决定着系统分析质量以及整个应用的成败。那么，什么是空间数据质量？空间数据质量如何评价？空间数据质量如何控制？

　　空间数据是对现实世界的抽象表达，由于现实世界的复杂性、模糊性、人类认识的局限性，以及在数据处理过程中的人为因素，与真实值之间存在一定的差异。例如，使用面对象来表达羚羊的活动范围时，由于羚羊四处觅食，行踪不定，如果使用固定的分布区域符号来描述其活动范围，会存在一定偏差。在实地测量中，由于仪器的系统误差及人员读数的偏差，也会造成测量值与真实值存在差异。测量值与真实值之间的差异不能完全消除，但可以控制，这就是空间数据所需要解决的质量问题。空间数据是

空间数据质量分析与控制（微课视频）

GIS 处理的对象，数据质量的优劣决定着系统分析质量以及整个应用的成败。例如，在电子地图系统中，如果地物名称与其位置不一致，那么导航结果就会出现错误。研究空间数据质量的目的在于加强数据生产过程中的质量控制，提高数据质量。

一、空间数据质量评价指标

　　空间数据质量评价指标主要包括位置精度、属性精度、逻辑一致性、完整性、现势性、表达形式的合理性等，如图 3-32 所示。

图 3-32　空间数据质量评价指标

1. 位置精度

　　位置精度是指空间实体的三维坐标数据与实际位置的接近程度。如平面精度、高程精度、接边精度等，用以描述几何数据的质量。平面精度是指矢量或栅格数据的平面坐标与实际位置的差异，例如，一个房屋，在电子地图上所测长度为 50m，而实地测量长度为 50.3m，两者之间的差异需要使用平面精度评价。在建立数字高程模型时需要进行高程精度评价。当相邻两幅图进行接边时，需要衡量接边要素的差异程度，只有要素相同且满足精度要求，在数据入库时才能对要素进行接边匹配操作。

地理信息系统技术应用

2. 属性精度

属性精度是指空间实体的属性与真值的相符程度，主要包括以下几个方面：要素分类、编码的正确性；属性值的准确性，例如道路的长度、河流的宽度、建筑物的占地面积等数据，是否与现实相符；要素名称的正确性，例如，日东高速线不能输入为其他线路名称。

3. 逻辑一致性

逻辑一致性是指多边形的闭合精度、节点匹配精度、拓扑关系的正确性等。逻辑一致性不仅单独地对某个要素进行评价（例如：多边形的闭合精度），还考察不同对象之间的相互关系。拓扑一致性就是不同要素之间的空间关系表达符合逻辑一致性，如果出现道路穿过房屋、等高线出现相交等现象，就是拓扑关系错误，需要纠正，否则会影响数据的正常使用。

4. 完整性

完整性即地理数据在范围、内容和结构等方面满足要求的完整程度，具体包括数据范围、空间实体类型、空间关系分类、属性特征分类等方面的完整性。例如，绘制其省级行政区划图时，应包含其所辖的所有地级市区划，以保证数据范围的完整性；地形图中需要包括植被点、植被线、植被面等三个图层，全面反映植被的分布特征，以保证空间实体类型的完整性；协调处理地形图上居民地、道路、水系和地貌等多图层之间的关系，以保证空间关系分类的完整性；将某地区的土地利用类型分成耕地、建筑用地、水体、林地、果园等，以保证属性特征分类的完整性。

5. 现势性

现势性是指数据与当前实地的符合程度，通过数据更新的时间和频度来体现。数据更新的时间和周期是评价数据现势性的重要指标。

6. 表达形式的合理性

表达形式的合理性是指数据抽象和表达与真实世界的吻合程度，包括空间特征、时间特征、专题特征等所表达的合理性。例如，占地面积为 $2000m^2$ 的一幢建筑物，如果在 1∶500 比例尺地图中使用多边形表达较为合理，但在小比例尺地图中，使用点来表示则较为合理。

二、空间数据质量问题来源与分析

1. 空间现象自身的不确定性

空间现象自身的不确定性是指某现象不能被精确测定，当真值不可测量或无法获取时，误差无法确定，因而使用不确定性代替。主要体现在以下三个方面：

1）空间上的不确定性，即地物空间位置模糊。例如，沙滩的分布范围随着潮涨潮退而不断变化，难以用确定的多边形来描述。

2）时间上的不确定性。空间现象在特定时间段内具有游移性。例如，随着城市的发展和扩张，城市中心位置发生变化，范围逐渐扩大。

3）属性类型划分的多样性。非数值数据表达不准确。例如，在划分土地类型时，某些地块具有不同类型的特点，难以严格划分，导致属性不够明确。

2. 空间现象的表达

数据采集中的测量方法及测量精度的选择，受到人类自身的认识和表达的影响，对于数据的生成会产生误差。例如：在地图投影中，由椭球体到平面的投影必然产生误差；由于各种测量仪器都有一定的设计精度，所以观测误差是不可避免的。

下面介绍三种方式的数据采集误差。

1）地图数据的质量问题，主要包含三个方面：

① 地图固有的误差，例如：控制点误差、投影误差。

② 图纸变形误差，即纸张发生形变而导致图形对象发生形变。

③ 图形数字化中产生的误差，例如，数字化操作人员引起的误差，数字化仪器本身的误差（如仪器的精度、灵敏度等），数字化过程中采集点的位置精度、空间分辨率和属性赋值等都会引起误差。

2）遥感数据质量问题，一部分来自遥感仪器的观测过程产生的误差；另一部分来自遥感图像处理和解译过程产生的误差。这些数据误差需要在遥感数据生成过程中采取有效的措施加以控制。

3）实测数据主要是使用 GNSS 等测量仪器设备而得到的空间位置信息。这部分数据的质量问题主要是空间数据的位置误差。受观测人员、仪器、环境等因素的综合影响。可以视情况采用数学模型、重复观测等方法加以检查或消除。

3. 空间数据处理中的误差

空间数据处理过程中产生的误差比较多，主要包括：投影变换误差，不同投影平面之间转换会产生误差；数据格式转换误差，由于 CAD 与 ArcGIS 的实体符号和数据组织方式不同，在 CAD 和 ArcGIS 数据进行相互转换时会产生一定误差；数据结构转换，光滑的矢量曲线转换为栅格图像后，其边界呈锯齿状，数据的精度受到损失，反过来，栅格转矢量过程中，二值化处理将导致像元信息丢失。

4. 空间数据使用中的误差

空间数据使用中产生的误差，既有用户因素，又有数据因素。首先，对数据的解释过程，不同用户对同一空间数据的解释和理解可能不同。其次，缺少文档，如缺少投影类型、数据定义等描述信息，这样就会导致用户对数据的随意性使用而使误差扩散。例如，在地图上缺少图例、指北针、地理格网等。最后，采用不同的分析方法和模型处理数据，也会产生相应的误差。例如，叠加分析是 GIS 中常用的空间分析方法，能够对不同图形进行相交、求并集等操作，并对属性进行统计分析，但在叠加分析时，个别图层会产生冗余多边形，尽管多边形面积小，却有可能造成用户对空间关系的误判。

为了减小误差，在数据分析应用中可采用有效的误差控制方法，例如，对地图符号相关的图例、文档进行说明，避免用户在使用数据时产生错误理解；删除冗余多边形，避免在分析过程中对空间关系产生误判等。

三、空间数据质量控制方法

空间数据质量控制是个复杂的过程，应从数据质量产生和扩散的所有过程和环节入手，分别用一定的方法减少误差。常见的方法主要包括以下几种：

1. 传统的人工方法

质量控制的人工方法是将数字化数据与数据源进行比较。图形部分的检查主要是目视法，将图形输出到透明图上与原图叠加比较；属性部分的检查采用与原属性逐个对比的方法。这种方法费时费力、效率较低。

2. 元数据方法

数据集的元数据中包含了大量的有关数据质量的信息，通过它可以检查数据质量。同时，元数据也记录了数据处理过程中质量的变化，通过跟踪元数据可以了解数据质量的状况和变化。

3. 地理相关法

地理相关法即用空间数据的地理特征要素自身的相关性来分析数据的质量。例如，山区河流应位于地形的最低点（图 3-33），叠加河流和等高线两层数据时，若河流的位置不在等高线的外凸连线上，则说明两层数据中必有一层数据有质量问题；若不能确定哪层数据有问题，可以将它们分别与其他质量可靠的数据层叠加来进一步分析。

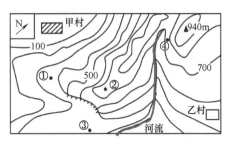

图 3-33　地理相关法检查数据质量

空间数据质量控制应体现在数据生产和处理的各个环节，下面以地图数字化为例，说明数据质量控制的方法。数字化过程的质量控制内容如图 3-34 所示。

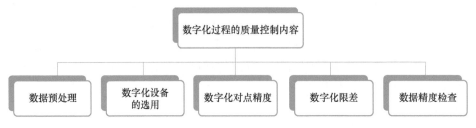

图 3-34　数字化过程的质量控制内容

1）数据预处理，主要包括对原始地图、表格等的整理、誊清或清绘。对于质量不高的数据源，如散乱的文档和图面不清晰的地图，通过预处理工作不但可减少数字化误差，还可提高数字化工作的效率。对于扫描数字化的原始图形或图像，还可采用分版扫描的方法，来减少矢量化误差。

2）数字化设备的选用，主要根据手扶数字化仪、扫描仪等设备的分辨率和精度等有关参数进行挑选，这些参数应不低于设计的数据精度要求。一般要求数字化仪的分辨率达到 0.025mm，精度达到 0.2mm；扫描仪的分辨率则不低于 0.083mm。

3）数字化对点精度（准确性），是数字化时数据采集点与原始点重合的程度。一般要求数字化对点误差应小于 0.1mm。

4）数字化限差，限差的最大值分别规定如下：采点密度（0.2mm）、接边误差（0.02mm）、接合距离（0.02mm）、悬挂距离（0.007mm）、细化距离（0.007mm）和纹理距离（0.01mm）。接边误差控制：通常当相邻图幅对应要素间距离小于 0.3mm 时，可移动其中一个要素以使两者接合；当这一距离在 0.3mm 与 0.6mm 之间时，两要素各自移动一半距离；若距离大于 0.6mm，则按一般制图原则接边，并做记录。

5）数据精度检查，主要检查输出图与原始图之间的点位误差。一般要求：对直线地物和独立地物应小于 0.2mm；对曲线地物和水系应小于 0.3mm；对边界模糊的要素应小于 0.5mm。

空间数据的采集与处理工作是建立 GIS 的重要环节，了解 GIS 数据的质量问题，最大限度地减少所产生的数据误差，对保证 GIS 分析应用的有效性具有重要意义。

【巩固拓展】

1. 简述空间数据质量评价指标有哪些。
2. 简述空间数据质量问题，来源和控制方法。

【项目总结】

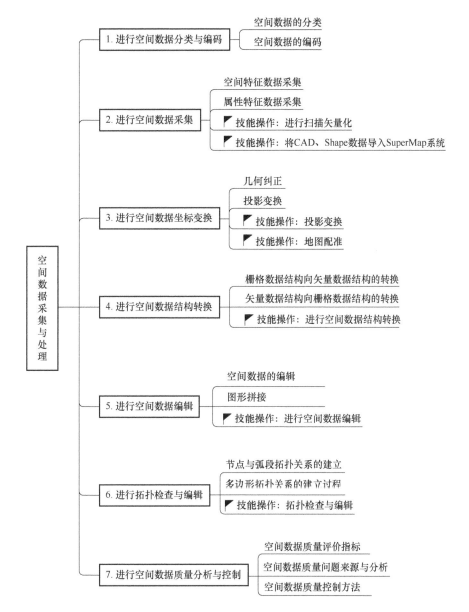

【项目评价】

1. 知识评价

扫描二维码，完成理论测试。

项目3　知识评价

2. 技能评价

本项目中各实训任务评价结果按照一定的比例（各指导教师可自行拟定）计算出本项目技能评价成绩。

3. 素质评价

评价内容	评价标准
依法测绘	熟悉《中华人民共和国测绘法》，依法获取空间数据
标准规范	严格按照国家标准、规范要求进行 GIS 数据采集、处理
执着专注	学习测绘工匠事迹，培养热爱测绘地理信息事业情怀，执着专注的精神
精益求精	建立精度意识，以精益求精的态度对待工作
质量意识	建立测绘地理信息成果质量意识，保密与安全意识

【大赛直通车】

GIS 大赛数据要求

1. 数据要求

1）数据来源：可以使用国家或相关组织公开的地图数据、互联网企业提供的大数据或其他来源数据。请确保数据来源的合法性，并具备数据相应的使用和发放权利。

2）选择合适尺度的空间数据，数据分层合理规范，不存在拓扑错误；正确使用数据源和工作空间，对文件型数据源做优化处理，数据坐标系设置正确。

3）地图内容需符合我国相关政策及法律的规定，涉及中华人民共和国国界的世界地图、全国地图，应当完整表示中华人民共和国疆域。需符合国家测绘局要求，正确表示疆域范围、未定国界、海上界线、特别行政区界线等，例如我国地图必须表示南海诸岛、钓鱼岛、赤尾屿等重要岛屿，并用相应的符号绘出南海诸岛归属范围线。

2. 其他

大赛详细赛制规则，请访问 https://www.supermap.com/zh-cn/a/news/list_9_1.html。

项目 4

空间查询与分析

【项目概述】

　　空间分析是 GIS 的核心功能，它特有的对地理信息（特别是隐含信息）的提取、表现和传输功能，是 GIS 区别于一般信息系统的主要标志。强大的空间分析功能使得 GIS 广泛应用于各个领域，解决与位置有关的问题，例如，电子地图系统中的路径规划，城市规划中的设施选址，自然保护区的规划，农林气象中的气温、降雨分析以及作物的生长区域分析，水利中河网和流域的提取、洪水预报、淹没分析等。

　　本项目主要内容包括进行空间查询、认识空间分析、进行缓冲区分析、进行叠加分析、进行网络分析、进行空间插值、建立数字高程模型并进行地形分析。通过学习，使学习者掌握空间查询与分析的相关知识和方法，具备空间数据查询、分析能力，为从事 GIS 技术应用工作打下基础。

 【知识目标】

　　1. 掌握空间查询的概念、类型和方法。
　　2. 掌握空间分析的概念、功能。
　　3. 掌握缓冲区的概念和分析方法。
　　4. 掌握叠加分析的概念、类型、方法。
　　5. 理解网络分析的概念、方法、功能。
　　6. 掌握空间插值的概念和方法。
　　7. 掌握数字高程模型的概念、数据来源、表达方式，以及基于 DEM 进行地形分析的方法。

 【技能目标】

　　1. 能在软件中实现图形与属性的互查、基于空间关系的查询、基于空间关系和属性特征的查询。
　　2. 能进行点、线、面要素缓冲区的建立。
　　3. 能进行矢量要素的叠加分析以解决实际问题，例如：选址分析。
　　4. 能利用网络分析进行路径规划。
　　5. 能利用空间插值技术建立栅格表面，为各类表面分析打下基础。
　　6. 能根据已知高程数据生成格网 DEM 和 TIN，能基于格网 DEM 进行地形分析，例如生成坡度图、坡向图、断面图等，利用 DEM 解决与高程有关的问题。

【素质目标】

　　1. 理论联系实际，针对具体行业案例，能够分析问题、解决问题。
　　2. 关注资源管理、城市规划、交通运输、农林气象等社会问题，增强社会责任感。

任务 1　进行空间查询

【问题导入】

　　问题：电子地图 APP 能进行地名的搜索，查询我们感兴趣的区域，这正是 GIS 的空间查询功能。那么，空间查询是如何实现的？

4.1.1　空间查询

一、空间查询的概念

　　空间查询是指从空间数据库中找出所有满足属性约束条件和空间约束条件的地理对象。例如，图 4-1 中查找东港区书店的过程，就是空间查询。空间查询既不改变空间数据库，也不产生新的空间实体和数据。查询、定位空间对象，是地理信息系统的基本功能之一，也是深层次空间分析的基础。

空间查询（微课视频）

图 4-1　空间查询

二、空间查询的种类

　　空间查询有三种：图形与属性的互查、基于空间关系的查询、基于空间关系和属性特征的查询。

　　1. 图形与属性的互查

　　图形与属性的互查包括基于属性查图形和基于图形查属性。

（1）**基于属性查图形** 基于属性查图形是指按属性信息的要求查询定位对象的空间位置。如图 4-2 所示，在电子地图系统中搜索框中输入"日照海滨国家森林公园南门"，单击搜索按钮，即可将日照海滨国家森林公园南门定位在地图上。由于"名称"就是空间对象的一个属性，所以这种通过输入名称查询定位对象的过程就是基于属性查图形的过程。

图 4-2　基于属性查图形

（2）**基于图形查属性** 基于图形查属性是根据对象的空间位置查询有关的属性信息。如图 4-3 所示，在电子地图系统中单击"九仙山风景区"，信息显示窗口就会显示其地址、景区电话、相册、景区概况等信息。

图 4-3　基于图形查属性

在 SuperMap 软件提供的"属性"工具，通过选择工具（🕭）选中地理要素，即可显示所查询对象的属性，如图 4-4 所示。这种通过在地图上选择对象来查询相关信息的过程就是基于图形查属性的过程。

图 4-4　SuperMap 软件中的"属性"工具，查询实体属性信息

2. 基于空间关系的查询

空间实体间存在着多种空间关系，从实体的类型上分，有点与点、点与线、线与面、面与面等。从拓扑关系上来分，又有邻接、关联、包含等空间分析。查找满足一定空间关系的要素，例如，查询日照东港区有多少家书店，属于包含关系查询；京沪高速线路上有多少个车站，属于关联关系查询，这些都是基于空间关系的查询。通过空间关系查询和定位空间实体是地理信息系统不同于一般数据库系统的标志之一。

3. 基于空间关系和属性特征的查询

基于空间关系和属性特征的查询是指查询条件同时包含了空间关系方面的内容和属性方面的内容，查询结果应同时满足这两方面的要求。例如，要查找在青岛开发区内、距海边 2km 以内、三星级以上酒店。在青岛开发区内、距海边 2km 以内是空间关系方面的内容，而三星级以上酒店是属性约束条件。

为完成上述查询任务，专家提出了"空间查询语言"作为解决问题的方案。空间查询语言即结构化查询语言（Structured Query Language，简称 SQL），是一种数据库查询和程序设计语言，用于存取数据以及查询、更新和管理关系数据库系统。例如，在"地级市区域_1"图层查询第三产业总产值大于 3000 亿元的地级市时，用到的 SQL 语句如下：

Select * from 地级市区域_1 where 地级市区域_1. 第三产业（亿元）>3000

113

SQL 语句查询在 GIS 软件中都能实现, 并将结果在地图上高亮显示出来, 如图 4-5 所示。

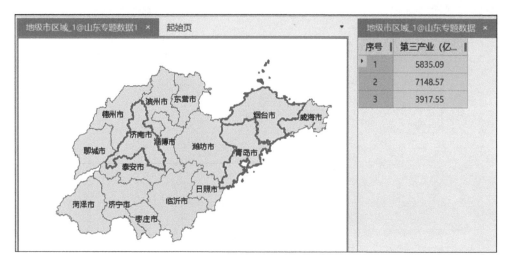

图 4-5　空间查询结果显示方式

4.1.2　技能操作：进行空间查询

一、任务布置

空间查询是空间分析的基础。本次技能操作任务是通过空间查询操作得到我们感兴趣的信息, 包括基于图形查属性、基于属性查图形、基于空间关系的查询、基于空间关系和属性特征的查询。通过任务实施, 使学习者掌握空间查询方法, 更加深刻理解电子地图系统搜索功能, 为空间分析做准备工作。

二、操作示范

1. 操作要点

1）加载"空间查询"数据源。

2）基于图形查属性。将"学校"数据集添加到地图窗口, 单击工

进行空间查询（操作视频）

具条中"选择"工具, 在地图上双击任一要素, 或打开右键菜单选择
"属性", 将打开"属性"窗口, 显示选中要素的属性信息。

3）基于属性查图形。方法一, 在"地图"选项卡、"浏览"组中单击"查找与定位", 打开"查找与定位"对话框, 输入查询内容, 即可完成查询。方法二, 在"空间分析"选项卡、"查询"组中单击"SQL 查询", 打开"SQL 查询"对话框, 设置查询字段、模式、条件等, 单击"查询"即可。

4）基于空间关系的查询。在地图窗口中选择某一要素, 在"空间分析"选项卡、"空间查询"组中单击"二维空间查询", 打开"空间查询"对话框, 设置空间查询条件, 即可完成基于空间关系的查询。

5）基于空间关系和属性特征的查询。在地图窗口中选择某一要素，如4）中所述，打开"空间查询"对话框，设置空间查询条件和属性查询条件，即可完成查询。

2. 注意事项

SQL语句书写要正确、符合规范，否则将不能返回正确的结果。

三、任务实施

进行空间查询（实
验数据）

1）扫描二维码并下载数据。

2）打开数据源。

3）进行基于图形查属性操作。

4）进行基于属性查图形操作。

5）进行基于空间关系的查询操作。

6）进行基于空间关系和属性特征的查询操作。

四、任务检查

以小组为单位，小组成员互相检查任务完成情况；指导、帮助没有完成的或成果存在错误的同学完成任务、修正错误。

五、成果提交

将任务成果（数据源文件）、过程截图提交至指导教师处。

六、任务评价

姓名：	班级：		学号：		
评价项目	评价指标			分值	得分
任务完成情况	1. 成果为数据源文件、查询过程截图（至少4个）			10	
	2. 数据源中包含原始数据集、至少一个查询结果数据集			10	
成果质量	3. 基于属性查图形、空间关系查询中查询条件设置正确			40	
	4. 查询结果正确			40	
合计				100	

 【巩固拓展】

1. 简述空间查询的种类，并举例说明其作用。

2. 举例说明基于空间关系的查询能解决哪些问题。

3. 黄河是中华文明最主要的发源地，是我们的"母亲河"。试以国家标准地图为底图，借助线与面查询功能，查询黄河自发源地到入海口流经的省份名称和流经长度。

任务2 认识空间分析

【问题导入】

问题：空间分析是什么？具备哪些功能？能为人们解决哪些方面的问题？

一、空间分析的概念

空间分析是基于地理对象的位置和形态的空间数据的分析技术，其目的在于提取潜在的空间信息或者从现有的数据中派生出新的数据，是将空间数据转变为信息的过程。例如，通过空间分析中的网络分析功能，在电子地图系统中输入起点、终点，可以得到最佳路径，最佳路径可以是时间最短、距离最短或者费用最少。路径规划就是对空间数据进行分析从而提取潜在信息的过程，也可以说是一种数据挖掘过程，在数据的再加工过程中挖掘有用的、能够解决实际问题的信息，从而辅助我们决策。

空间分析概念及功能（微课视频）

二、空间分析的基本功能

空间分析的基本功能主要包括以下几个方面：

1. 叠加分析功能

将同一地区、同一坐标系统下的两层或两层以上的数据叠加在一起，从而产生新的数据层，新数据层综合了原来两层或多层数据的属性。叠加分析可以应用于城市规划中的新公园、商业中心的选址。

2. 缓冲区分析功能

根据分析对象的点、线、面实体，自动建立它们周围一定距离的带状区，用以识别这些实体对邻近对象的辐射范围或影响范围，以便为某项分析或决策提供依据。在环境评估中，可以根据缓冲区分析确定道路噪声影响范围；移动通信公司可以建立移动信号塔缓冲区来规划信号塔的合理分布，保证信号的全覆盖和资源的有效利用。

3. 网络分析功能

通过对地理网络（如交通网络）、城市基础设施网络（如电力线、电话线、供水线等各种网线）进行地理分析和建模，研究网络的状态、模拟和分析资源在网络上的流动和分配情况，解决网络结构及其资源等的优化问题。人们生活中最常用的路径规划就是网络分析功能。

4. 空间插值

运用数学方法，根据离散的观测数据推算区域内其他任意一点的值，用以描述和研究连续型面状实体的空间分布和变化特征。例如，为了得到某区域的地形图，首先要采集高程点，然后根据离散的高程点绘制出整个区域的等高线，这里用到的就是空间插值。

5. 建立数字高程模型，进行地形分析

利用空间插值技术生成的数字高程模型可以模拟地球表面高低起伏的形态。数字高程模型可以用来存储高程数据、三维地形显示及景观设计和规划、生成坡度图和坡向图，解决与高程有关的实际问题。

6. 空间统计分析

常规的空间统计分析主要完成对数据集合的均值、总和、方差、频数、峰度系数等参数的统计分析。空间自相关分析是认识空间分布特征、选择适宜的空间尺度来完成空间分析最常用的方法。回归分析用于分析两组或多组变量之间的相关关系。

三、空间分析的应用案例

1. 土地利用变化的驱动力分析

土地利用变化的驱动力分析是空间分析在解释空间现象与空间模式形成机理方面的重要应用。土地利用变化驱动力分析的目标是揭示土地结构空间集聚差异与时间序列的关联关系。通过构建"土地利用时空结构分析""土地利用空间测算分析"等数学模型，一方面，客观描述土地利用的变化情况，找出土地利用变化的基本模式。例如，耕地转变为建设用地、林地转变为耕地等。另一方面，揭示土地利用变化的驱动因素，如政策因素、经济因素、交通因素和人口因素等。

2. 公共设施的选址

在城市规划设计中，只有合理配置医院、学校等公共设施，才能使其在服务范围覆盖整个区域的同时，避免造成资源浪费。为合理规划公共设施的位置，选址分析需要整合影响公共设施的要素图层，利用空间分析功能设置选址的基本条件，结合智能化算法计算得出合理的候选区位，从而为规划决策提供建议。

3. 三旧改造

当前我国城市发展迅速，大量的旧城区、旧厂房、旧村庄需要改造。在进行城市改造和开发前，政府主管部门需要测算相关经费。例如，征地、拆迁补偿需要支出的经费，开发完成后可以获得的利润等。可以利用叠置分析和缓冲区分析等方法，分析改造区域内或扩建道路两侧的地块信息，结合评价估算模型，通过对配置方式的动态调整，设计出最佳的改造方案。

4. 人口分布模拟

城市人口总数、人口组成和人口分布等特征是配置公共设施、规划道路和建筑用地的重要依据。在进行城市规划和管理时，需要预测未来十年甚至更长时间的城市人口及分布特征。而 GIS 的空间分析功能可以用于人口的预测和预报。例如，采用基于多主体功能的系统进行人口模拟，将不同收入情况的家庭，按照城市环境与基础设施作为约束条件，进行人口分布的模拟，就可以获得城市发展情景下未来人口的分布特征。

空间分析技术通过对空间数据隐含信息的挖掘从而产生对我们有用的信息，使得地理信息系统在各个领域得到广泛应用。

【素养提示：学好 GIS 空间分析技术，服务资源管理与规划、各行各业发展需求】

空间分析是 GIS 特有的功能，也是 GIS 广泛应用于自然资源管理、城市规划、交通运输、应急保障等诸多行业的核心技术。作为 GIS 技术人员，应努力提升技术水平，理论联系实际，将空间分析技术和方法应用到实践中，解决与位置有关的问题。

【巩固拓展】

1. 简述空间分析的概念、功能和作用。
2. 举例说明至少3个空间分析的应用实例。

任务3   进行缓冲区分析

📂 **【问题导入】**

问题：城市中设施的影响范围和服务范围，旧城改造中确定因道路拓宽需要拆迁的范围，林业中自然保护区的规划，都是通过空间分析的缓冲区分析功能实现的。那么，什么是缓冲区？缓冲区分析有哪些应用？

4.3.1   缓冲区分析

一、缓冲区的概念

缓冲区分析（微课视频）

缓冲区是指地理空间目标的一种影响范围或服务范围。例如，商场、邮局、银行、医院、车站、学校等公共设施的服务范围（图4-6），因道路拓宽而需要拆除的建筑物和搬迁的居民范围。根据缓冲区的概念，缓冲区是一个影响范围或服务范围，是一个面状的区域。

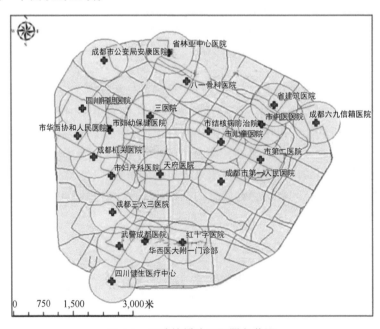

图4-6 医院的缓冲区即服务范围

缓冲区分析是指根据分析对象的点、线、面实体，自动建立它们周围一定距离的带状区，用以识别这些实体对邻近对象的辐射范围或影响度，以便为某项分析或决策提供依据。缓冲区分析是 GIS 空间分析的基本功能之一，分为点要素缓冲区分析、线要素缓冲区分析、面要素缓冲区分析。例如，某地区有危险品仓库，要分析一旦仓库爆炸所影响的范围，就需要进行点要素缓冲区分析；如果要分析因道路拓宽而需拆除的建筑物和需搬迁的居民范围，则需进行线要素缓冲区分析；在对野生动物栖息地的评价中，动物的活动区域往往是在距它们生存所需的水源或栖息地一定的范围内，为此可用面要素缓冲区分析。

二、矢量数据的缓冲区建立

1. 点要素的缓冲区
通常是以点状地物为圆心，以缓冲区距离为半径绘圆，这个圆形区域即为该点的缓冲区，如图 4-7 所示。

当两个或两个以上点状目标相距较近，或缓冲区半径较大时，它们的缓冲区可能部分重叠。

2. 线要素的缓冲区
分别对每个顶点和每条边生成缓冲区，然后对这些缓冲区进行叠加操作，形成的以线为中心轴线、距其一定距离的平行条带多边形，就是线要素的缓冲区，如图 4-8 所示。

a) 一个点的缓冲区　　　b) 多个点的缓冲区重叠

图 4-7　点要素的缓冲区

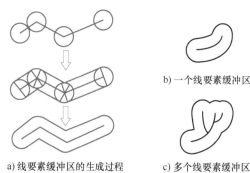

b) 一个线要素缓冲区

a) 线要素缓冲区的生成过程　　　c) 多个线要素缓冲区

图 4-8　线要素的缓冲区

3. 面要素的缓冲区
面要素的缓冲区，通常是以面的边界线为基础、向内或向外生成的距其一定距离的多边形，如图 4-9 所示。例如，湖泊周围一定范围内为水源涵养林，禁止砍伐树木。

a) 一个面要素的缓冲区　　　b) 多个面要素的缓冲区

图 4-9　面要素的缓部区

119

这里，需要注意的几个问题：

1）缓冲区生成的是一些新的多边形，不包含原点、线、面要素。

2）多重缓冲区。按照不同的缓冲距离，生成多个相互嵌套的多边形，称为多重缓冲区。例如，城市经济影响力分三个层次：0~50km 为一级；50~100km 为二级；100~150km 为三级。根据以上层次为每一座城市生成一个多重缓冲区，如图 4-10 所示。每一个点要素的缓冲区都分为三部分，每一部分由不同的颜色来表示，从内到外依次为一级影响力范围、二级影响力范围、三级影响力范围。

3）如果线的形状较复杂，单条线的缓冲区有可能重叠；多条线建立缓冲区时，也可能会出现缓冲区之间的重叠，这时会出现岛屿多边形和重叠多边形，如

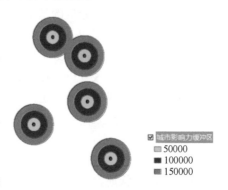

图 4-10　多重缓冲区

图 4-11 所示。其中岛屿多边形在缓冲区外，而重叠多边形是缓冲区的一部分。对于此类复杂线状地物的缓冲区生成过程如下：

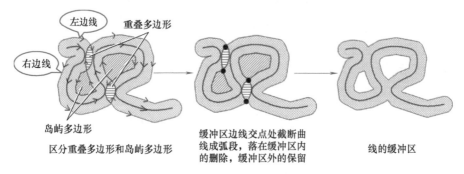

图 4-11　形状复杂的线状地物缓冲区

① 定义曲线的方向为坐标点序，缓冲区双线分成左边线、右边线；对于左边线，岛屿多边形呈逆时针方向，重叠多边形呈顺时针方向；对于右边线则相反，岛屿多边形呈顺时针方向，而重叠多边形呈逆时针方向。

② 如果缓冲区边线有交点，则记录这个点，从这儿截断曲线，结果会生成多条弧段；弧段落在缓冲区之内的要删除，否则就要保留。

③ 删除岛屿多边形，得到最终的缓冲区。

4）缓冲距离不一样的情况。在进行缓冲区分析时，也经常发生对同一类型的对象按不同级别制作不同大小缓冲区的情况。在建立这种缓冲区时，首先应建立要素属性表，根据不同属性确定不同的缓冲区宽度，然后产生缓冲区。

三、栅格数据的缓冲区建立

栅格数据可以用 $M \times N$ 的矩阵表示。对于二值化的栅格图像，其像元值只有 0 和 1，其中 "0" 表示像元空白，为背景像元；而 "1" 表示像元为空间物体占据，为前景像元。通过距离变换，可以计算出每个 "0" 像元到最近 "1" 像元的距离，即每个背景像元到最近

前景像元的距离。假设缓冲区的宽度为 d，则缓冲区即为到最近前景像元距离小于或等于 d 的背景像元的集合。

建立栅格数据缓冲区，主要包括以下三个步骤：对栅格数据进行二值化处理，将背景像元设为 0，而将地理要素像元设为 1；计算每个数值为"0"的像元到最近的数值为"1"的像元的距离，即进行距离变换；根据缓冲区半径，提取一定宽度的多边形，得到栅格数据的缓冲区。

在建立栅格数据缓冲区的过程中，欧氏距离变换的精度往往受到栅格尺寸的影响，栅格尺寸越大，距离变换的精度越低，因此可以通过减小栅格尺寸的方法，来获得较高的距离变换精度。栅格缓冲区的特点是：原理简单，但精度相对较低，且内存消耗较大，难以实现大数据量的缓冲区分析。

4.3.2 技能操作：进行缓冲区分析

一、任务布置

GIS 软件中缓冲区功能包括点、线、面要素的缓冲区生成和多重缓冲区生成。本次技能操作任务是以超市影响力分析、因道路拓宽确定需要清理的区域、水域保护区划定为案例，进行点要素、线要素、面要素的缓冲区分析。

二、操作示范

1. 操作要点

1) 打开将要建立缓冲区的数据源。

2) 生成缓冲区。在"空间分析"选项卡、"矢量分析"组中选择"缓冲区"，在其下拉菜单中单击"缓冲区"工具，进入"生成缓冲区"对话框，设置数据类型、缓冲数据、结果数据，进行缓冲半径设置、结果设置（是否合并缓冲区、是否生成环状缓冲区等）操作，生成缓冲区。

进行缓冲区分析
（操作视频）

3) 生成多重缓冲区。在"空间分析"选项卡、"矢量分析"组中选择"缓冲区"，在其下拉菜单中单击"多重缓冲区"工具，进入"生成多重缓冲区"对话框，设置缓冲数据、缓冲类型，添加多重缓冲区半径，进行结果数据源和数据集设置、结果设置（是否合并缓冲区、是否生成环状缓冲区等）操作，生成缓冲区。

2. 注意事项

根据项目实际需要设置缓冲类型（例如：圆头、平头）和缓冲区半径。

进行缓冲区分析
（实验数据）

三、任务实施

1) 扫描二维码并下载数据。

2) 打开实验数据源。

3) 对点、线、面要素生成缓冲区和多重缓冲区。

四、任务检查

以小组为单位，小组成员互相检查任务完成情况；指导、帮助没有完成的或成果存在错误的同学完成任务、修正错误。

五、成果提交

将任务成果（数据源文件和工作空间文件）提交至指导教师处。

六、任务评价

姓名：		班级：	学号：	
评价项目	评价指标		分值	得分
任务完成情况	1. 成果为数据源文件		10	
	2. 数据源中包含原始数据集、缓冲区分析结果数据集		15	
成果质量	3. 点要素缓冲分析参数设置及结果符合要求		25	
	4. 线要素缓冲分析参数设置及结果符合要求		25	
	5. 面要素缓冲分析参数设置及结果符合要求		25	
合计			100	

 【巩固拓展】

1. 举例说明缓冲区的应用案例以及解决的问题。
2. 森林火灾不但烧毁成片的森林，伤害林内的动物，而且还降低森林的繁殖能力，引起土壤的贫瘠并破坏森林涵养水源，甚至会导致生态环境失去平衡。为此，根据《中华人民共和国森林法》等法律规定，某林业管理局为所辖森林划定防火区为"全区林地及距离林地边缘 50m 范围内"，并规定防火区内全年禁止一切野外用火。试描述该森林防火区的划定方法，并绘制示意图。

任务4　进行叠加分析

【问题导入】

问题：城市规划中，公共设施（例如：医院、大型购物商城、公园）的选址，需要综合考虑交通、居民地、人口、植被等多种要素的影响，可以利用叠加分析方法，快速生成科学合理的解决方案。什么是叠加分析？叠加分析具备哪些功能？解决哪些实际问题？

4.4.1　叠加分析

一、叠加分析的概念

现实世界是个复杂的整体，而地理信息系统中的数据是按照不同的空间特征和属性特征分类分层表示的，例如地形、水系、道路、植被等。在研究实际问题时，又需要将它们综合起来，形成一个具有具体目标的整体范畴。例如选址分析（图 4-12），某城市规划部门要建立一个新公园，现在为新公园进行选址，要求依山傍水、交通便利、相对安静，我们选择的位置应该同时满足这样一些条件：有山有水、离主要交通线路比较近，具有一定的绿化覆盖率等。这时就要用到叠加分析。

叠加分析
（微课视频）

图 4-12　公共设施的选址分析

叠加分析是指在统一空间参照系统条件下，将两层或多层地理要素进行叠加，产生空间区域的多重属性特征，或建立地理对象之间的空间对应关系，如图 4-13 所示。叠加分析是地理信息系统最常用的提取空间隐含信息的手段之一。

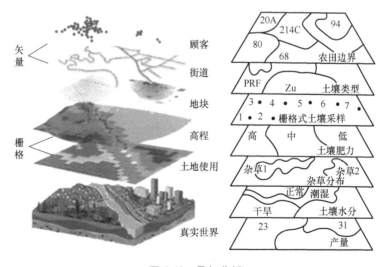

图 4-13　叠加分析

叠加分析大致可以分为三类：视觉信息的叠加分析、矢量数据的叠加分析、栅格数据的叠加分析。

二、视觉信息的叠加分析

视觉信息的叠加分析是将不同侧面的信息内容叠加显示在结果图件或屏幕上，以便研究者判断其相互空间关系，获得更为丰富的空间信息。视觉信息叠加之后，不产生新的数据层，各数据层保留原来的数据结构。

视觉信息叠加包括以下几类：

1）点状图、线状图和面状图的叠加显示。

2）面状图区域边界之间或一个面状图与其他专题区域边界之间的叠加。

3）遥感影像与专题地图的叠加，如图4-14所示。

4）专题地图与数字高程模型叠加显示立体专题图，如图4-15所示。

图4-14 遥感影像与专题地图的叠加

图4-15 专题地图与数字高程模型叠加

三、矢量数据的叠加分析

矢量数据的叠加分析有三类，即点与多边形叠加、线与多边形叠加、多边形与多边形叠加。

1. 点与多边形叠加

点与多边形叠加是为了确定一个图层上的点落在另一图层的哪个多边形内，以便为图层上的点建立新的属性。点与多边形叠加的结果，不产生新的数据层，只是把属性信息叠加到点图层中，然后通过属性查询间接获得点与多边形叠加的信息，如图4-16所示。

2. 线与多边形叠加

线与多边形叠加是将一个线数据层和一个多边形数据层叠加在一起，以确定线和多边形的位置关系。当一个线目标跨越多个多边形时，计算线与多边形边界的交点，交点将线目标打断成新的线，从而产生新的线数据层，同时产生一个相应的属性数据表，记录原线和所属多边形的属性信息，如图4-17所示。根据叠加的结果可以确定每条线落在哪个多边形内，也可以查询指定多边形内某条线穿过的长度。

例如，线状数据层为河流，多边形数据层为全国省级行政区划，根据叠加结果可以查询任意省份内的河流长度，进而计算该省份的河网密度。

图 4-16　点与多边形叠加

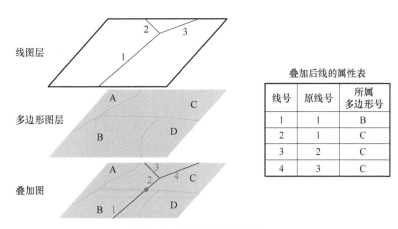

图 4-17　线与多边形的叠加

3. 多边形与多边形叠加

（1）概念　多边形与多边形叠加是将两组或更多的多边形数据层进行叠加，根据多边形之间的交点建立新的具有多重属性的多边形，如图 4-18 所示。多边形叠加完成后，根据新数据层的属性表可以查询原数据层的属性信息，新生成的数据层与其他数据层一样可以进行各种空间分析和查询操作。

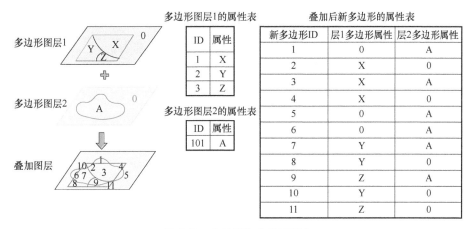

图 4-18　多边形与多边形叠加

(2) 多边形叠加过程 两个多边形图层叠加（图 4-19）主要包括以下三个步骤：

第一步：提取多边形边界。将一图层多边形边界弧段在与另一图层弧段相交的位置打断。如图 4-19 所示，两个图层各包含一个多边形，在叠加后生成两个交点，将原来的弧段在点 3 和点 4 处打断，从而生成叠加图。

第二步：重新建立弧段-多边形的拓扑关系。记录每个多边形所对应的弧段，同时记录每个弧段的起点、终点、左多边形和右多边形等信息。

第三步：设置多边形标识点，传递属性，建立与新多边形对象对应的属性表。

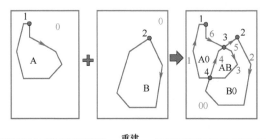

图 4-19　多边形与多边形叠加过程

(3) 叠加类型 根据叠加结果需要保留空间特征的不同要求，一般的 GIS 软件都提供裁剪、相交、擦除、联合、标识、更新等基本的叠加操作，如图 4-20 所示。

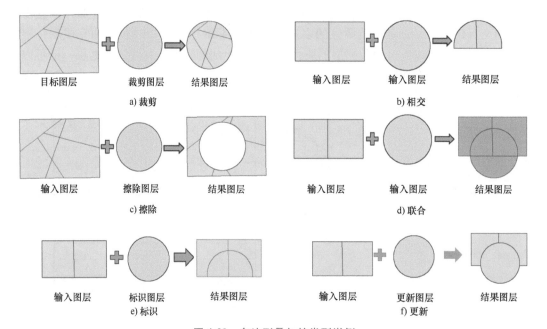

图 4-20　多边形叠加的类型举例

1）裁剪是指将目标图层与裁剪图层进行叠加运算，输出结果为裁剪后的目标图层。属性不发生改变，与裁剪之前的目标图层相同。

2）擦除是指输入图层根据擦除图层的范围大小，将擦除图层所覆盖的输入图层内的要素去除，最后得到剩余的输入图层的结果。擦除后的图层属性与输入图层相同。

3）相交是指用来计算两个图层的交叉部分，落在公共区域内的特征被保留。输出结果将继承两个图层的所有属性。

4）联合是指将两个图层的要素合并到一起，将所有要素及其属性都写入输出要素中。

5）标识是指计算输入要素和标识要素的几何交集。与标识要素重叠的输入要素或输入要素的一部分将获得这些标识要素的属性。

6）更新是指计算输入要素和更新要素的几何交集。输入要素的属性和几何根据输出要素类中的更新要素来进行更新。

四、栅格数据的叠加分析

栅格数据的叠加分析是指将不同图幅的栅格数据叠加在一起，在叠加地图的相应位置上产生新的属性的分析方法。新的属性值可以用如下公式计算：

$$U = f(A, B, C, \cdots)$$

其中，A、B、C 等表示第一、二、三等各层上的确定的属性值，f 函数取决于叠加的要求。

如图 4-21 所示，多幅图叠加后的新属性，可由原栅格属性值的加、减、乘、除、乘方等运算得出，也可以取原属性值的平均值、最大值、最小值，或原属性值之间逻辑运算的结果，甚至可以由更复杂的方法计算得出。

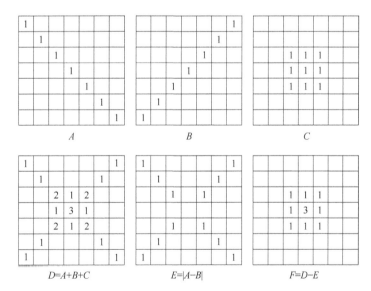

图 4-21　栅格数据的叠加运算

栅格数据的叠加分析有很多应用。例如，将土壤图和植被图叠加，可以分析土壤和植被的关系；行政区划图与土壤类型图叠加，可以计算出某一行政区划内的土壤类型数，以及不同类型土壤的面积；对同一地区、相同属性、不同时间段的栅格数据叠加，可以动态分析该地区某属性随时间的变化。

4.4.2 技能操作：进行叠加分析

一、任务布置

叠加分析最常见的应用就是选址分析。本次技能操作任务是通过叠加分析为成都市西南区域的连锁超市选择合适的位置。通过任务实施，使学习者学会叠加分析的操作方法，能应用叠加分析解决实际问题。

二、操作示范

1. 操作要点

（1）准备分析区域内停车场数据、道路数据、居民地数据和已有超市数据。

（2）利用缓冲区分析功能，生成停车场300m的缓冲区、居民地600m的缓冲区、道路100m的缓冲区、连锁超市500m的缓冲区。

（3）通过叠加分析获得距停车场300m、距居民地600m、距主要道路100m范围内的区域（满足停车方便、人口流量大、交通便利要求），作为超市的候选区域，分两步完成：

进行叠加分析
（操作视频）

1）在"空间分析"选项卡、"矢量分析"组中选择"叠加分析"，进入"叠加分析"对话框。在对话框中选择分析算法为"求交"，源数据设置为停车场缓冲区，叠加数据为居民地缓冲区，单击"确定"，生成超市的候选区域1。

2）同1）步，对候选区域1和道路100m的缓冲区进行叠加分析，叠加分析算法仍是"求交"，生成超市的候选区域2。

（4）从（3）步结果数据集中去除已有超市500m的缓冲区范围。打开"叠加分析"对话框，在对话框中选择分析算法"擦除"，源数据设置为候选区域2，叠加数据为已有超市500m的缓冲区，点击"确定"，生成最终的连锁超市候选区域。

2. 注意事项

根据具体条件选择合适的叠加分析算法。

【素养提示：服务城市规划，优化资源配置】

城市公共设施的选址应充分考虑交通、居民空间分布、已有设施空间布局等多方面因素，优化布局，实现公共资源优化配置、合理利用。

三、任务实施

1）扫描二维码并下载数据。

2）打开数据源。

进行叠加分析
（实验数据）

3）通过缓冲区分析，获得停车场300m的缓冲区、居民地600m的缓冲区、主要道路100m的缓冲区、连锁超市500m的缓冲区。

4）通过叠加分析，获得距停车场300m、居民地600m、道路100m且距已有超市超过500m的范围，即超市的候选区域。

5）保存工作空间。

四、任务检查

以小组为单位，小组成员互相检查任务完成情况；指导、帮助没有完成的或成果存在错误的同学完成任务、修正错误。

五、成果提交

将任务成果（数据源文件和工作空间文件）提交至指导教师处。

六、任务评价

姓名：		班级：	学号：	
评价项目	评价指标		分值	得分
任务完成情况	1. 成果为数据源文件、工作空间文件		10	
	2. 数据源中包含原始数据集、叠加分析过程和结果数据集		10	
	3. 地图中显示原始数据图层、叠加分析结果图层		10	
成果质量	4. 停车场、居民地、道路、现有超市等要素缓冲区分析结果正确		20	
	5. 第一次叠加分析参数设置正确、结果数据正确		15	
	6. 第二次叠加分析参数设置正确、结果数据正确		15	
	7. 第三次叠加分析参数设置正确、结果数据正确		20	
合计			100	

【巩固拓展】

1. 简述叠加分析的种类和应用。
2. 简述栅格数据叠加与矢量数据叠加的区别。
3. 分析医院选址条件，确定所用的技术，描述选址的过程。

任务 5　进行网络分析

【问题导入】

问题：电子地图 APP 中的路径规划方便了我们的出行。那么，路径规划是如何实现的呢？

4.5.1　网络分析

一、网络分析的概念

网络是指由一些点及点之间的连线所组成的图形，这些图形不按比例绘制，线段不代表真正的长度，点和线段的位置具有随意性。网络是现实世界中的网状系统的抽象表示，可以模拟交通网、通信网、地下水管网、天然气网等网络系统。

网络分析
（微课视频）

网络的作用是将资源从一个位置移动到另外一个位置，资源在运送过程中会产生消耗、堵塞、减缓等现象，这表明网络系统中必须有一个合理的体制，使得资源能够顺利地流动，由此，网络分析产生。

网络分析在电子导航、交通旅游、各种城市管网、配送、急救等领域发挥着重要的作用。例如，人们出行到达一个陌生的城市，需要知道从车站到目的地怎么走，这是路径规划问题；当地下煤气管道改装时，若关闭某个阀门，需要确定哪些用户会受到影响，这是一个连通问题；某城市预建立一个消防站，如何确定 10min 之内能到达的街道，这是资源分配问题。路径规划、连通分析、资源分配等，这些都是网络分析的功能。

二、网络的基本要素和相关属性

1. 网络的基本要素

网络的基本要素包括链和节点。

（1）链（弧段）　链是线状要素，如图 4-22 所示。网络中的链是构成网络的骨架，也是资源或通信联络的通道，包括有形的物体和无形的物体，有形的物体如街道、河流、水管、电缆线等；无形的物体如无线电通信网络等，其状态属性包括阻力和需求。任何流动都有阻力（例如街道上的限速）和需求（例如需要你以多快的速度从 A 点到达 B 点）。

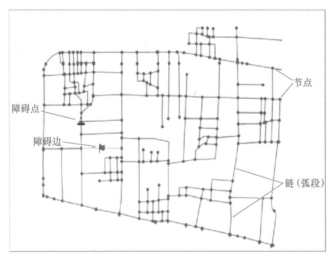

图 4-22　网络及网络的组成

（2）节点　节点是网络中链的端点或链与链之间的连接点，位于链的两端，如车站、港口、电站等。节点有四种特殊类型，包括障碍、拐点、中心和站点。

1）障碍是指禁止网络中链上流动的，或对资源或通信联络起阻断作用的点。

2）拐点出现在网络链中所有的分割节点上，状态有属性和阻力，如拐弯的时间和限制，例如不允许左拐。

3）中心是接受或分配资源的位置，如水库、商业中心、电站等，其状态属性包括资源容量（如总的资源量）和阻力限额（如中心与链之间的最大距离或时间限制）。

4）站点，如网络中物流装、卸的位置，也或者说是在路径选择中资源增减的点，但不一定在网络节点上，如库房、汽车站等。

2. 网络中的属性

网络组成部分都是用图层要素形式表示，需要建立要素间的拓扑关系，包括节点-弧段拓扑关系和弧段-节点拓扑关系，并用一系列相关属性来描述。这些属性是网络中的重要部分，一般以表格的方式存储在 GIS 数据库中，如图 4-23 所示，以便构造网络模型和网络分析，例如，在城市交通网络中，每一段道路都有名称、速度上限、宽度等；停靠点处有大量的物资等待装载或下卸等属性。

序号	SmID	SmUserID	SmLength	SmGeometry	SmTopoError	SmFNode	SmTNode	SmEdgeID	SmResistanceA	SmResistanceB	ORIG_FID	Shape_Leng_S...
1	1	0	2,908.600256	BinaryData	1	1,340	1,324	1	0	0	15	0.026706
2	2	0	43.302169	BinaryData	0	1,324	1,325	2	0	0	16	0.000402
3	3	0	59.288678	BinaryData	0	1,324	1,326	3	0	0	20	0.000537
4	4	0	33.431458	BinaryData	0	1,327	1,326	4	0	0	21	0.000317
5	5	0	46.426454	BinaryData	0	1,326	1,328	5	0	0	22	0.000421
6	6	0	38.205351	BinaryData	0	1,329	1,328	6	0	0	23	0.000362
7	7	0	625.045037	BinaryData	0	1,326	1,330	7	0	0	25	0.005853
8	8	0	521.131812	BinaryData	0	1,328	1,330	8	0	0	26	0.004931
9	9	0	121.377509	BinaryData	2	1,330	1,323	9	0	0	27	0.001147
10	10	0	376.536288	BinaryData	0	1,334	1,307	10	0	0	32	0.006493
11	11	0	362.117311	BinaryData	0	1,308	1,309	11	0	0	36	0.014623
12	12	0	227.940528	BinaryData	0	1,310	1,309	12	0	0	38	0.002151
13	13	0	609.042446	BinaryData	0	1,293	1,311	13	0	0	44	0.027528
14	14	0	85.409596	BinaryData	1	1,269	1,270	14	0	0	48	0.000796
15	15	0	803.873113	BinaryData	1	1,290	1,270	15	0	0	49	0.007458
16	16	0	1,620.477069	BinaryData	1	1,291	1,270	16	0	0	52	0.00715
17	17	0	138.56069	BinaryData	1	1,247	1,248	17	0	0	55	0.004925
18	18	0	477.812627	BinaryData	1	1,249	1,250	18	0	0	59	0.004435
19	19	0	177.793083	BinaryData	0	1,250	1,251	19	0	0	60	0.005262
20	20	0	379.241194	BinaryData	0	1,271	1,270	20	0	0	61	0.020116
21	21	0	198.877647	BinaryData	0	1,233	1,234	21	0	0	69	0.01092
22	22	0	335.899586	BinaryData	0	1,230	1,235	22	0	0	78	0.013294
23	23	0	2,248.606092	BinaryData	0	1,199	1,182	23	0	0	79	0.110703
24	24	0	359.487107	BinaryData	0	1,252	1,234	24	0	0	88	0.01187
25	25	0	547.342727	BinaryData	0	1,209	1,210	25	0	0	92	0.006388
26	26	0	233.64493	BinaryData	0	1,193	1,161	26	0	0	101	0.002166

图 4-23　网络属性表

在这些属性中，有一些特殊的非空间属性，包括阻强、资源容量、资源需求量。阻强是指资源在网络流动中的阻力大小，如所花的时间、费用等。它是描述链与拐点所具有的属性。资源容量是指网络中心为了满足各链的需求，能够容纳或提供的资源总数量，也指从其他中心流向该中心或从该中心流向其他中心的资源总量，如水库的总容水量、宾馆的总容客量、货运总站的仓储能力等。资源需求量是指网络系统中具体的线路、链、节点所能收集的或可以提供给某一中心的资源量，如城市交通网络中沿某条街道的流动人口、供水网络中水管的供水量、货运停靠点装卸货物的件数等。

三、网络的建立

网络分析的基础是建立网络，一个完整的网络必须首先加入多层点文件和线文件，如图 4-24 所示，由这些文件建立一个空的空间图形网络，然后对点文件和线文件建立拓扑关系，如图 4-25 所示，加入其各个网络属性特征值，例如根据网络实际的需要，设置不同阻强值，网络中链的连通性，中心点的资源容量，资源需求量等。

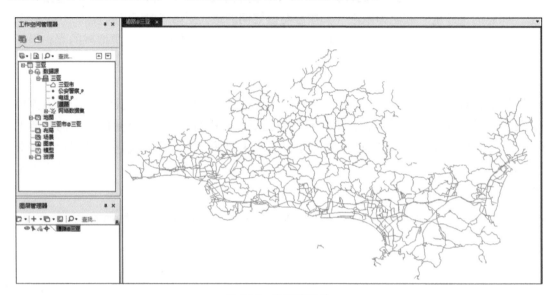

图 4-24　交通线文件

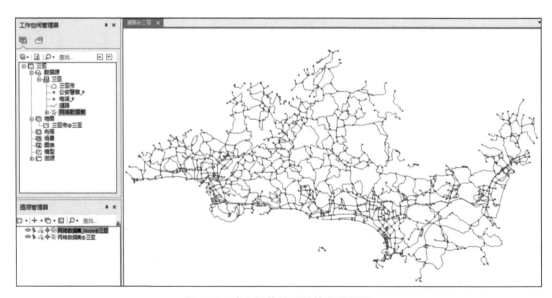

图 4-25　建立拓扑关系后的交通网络

一旦建立起网络数据，全部数据被存放在地理数据库中，由数据库的生命循环周期来维持其运作。例如，在 SuperMap 中建立的几何网络的格式是网络数据集，将其全部的数据和组成部分封装在其中。

四、网络分析的功能

1. 路径分析

路径分析的核心是求解最佳路径。所谓的最佳路径是指网络中从一个点到达另外一个点阻碍强度最小的一条路径。根据不同的需求，可以是距离最短、花费的时间最短、优先选择高速等。

目前，GIS 软件中的网络分析功能都能自动完成路径分析，如图 4-26 所示。路径分析算法有很多种，其中最著名的是狄克斯特拉（Dijkstra）算法，这是求单源最短路径的有效方法。如图 4-27 所示，要求从顶点 1 出发到顶点 5 的最短路径，其基本思路是：按路径长度递增顺序产生各顶点的最短路径。若按长度递增的顺序生成从源点（顶点 1）到其他顶点的最短路径，则表 4-1 所列内容就是源点 1 到其他各点的最短路径。

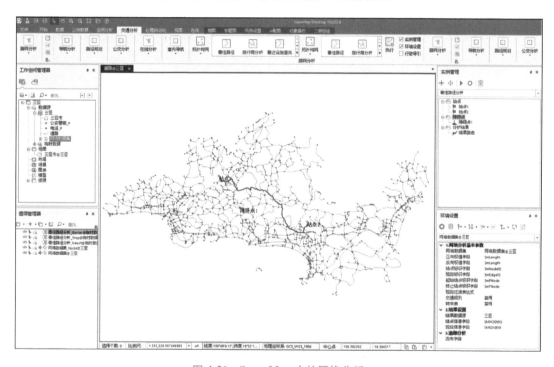

图 4-26 SuperMap 中的网络分析

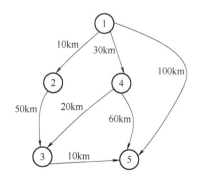

图 4-27 Dijkstra 算法原理示意图

表 4-1　源点 1 到其他各点的最短路径及长度

终点	中间顶点	路径长度/km
2		10
3	4	50
4		30
5	4, 3	60

2. 资源分配

资源分配是根据中心的容量以及网线和节点的需求，依据阻强大小，将网线和节点分配给最近的中心，分配过程中阻力的计算是沿最佳路径进行的。例如，资源分配可以为城市中的每一条街道上的学习者确定最近的学校。这种分配功能可以解决资源的有效流动和合理分配。

3. 中心选址

中心是指确定设施的最佳地理位置。需要考虑需求和供给空间上的相互关系，据此选择需求点或供给点的最佳位置，以获得最佳的经济效益或最低的运输成本。例如，现需要建一个水厂，为邻近区域供水，水厂建在哪里才能使得运输成本最低。还有大型商场、消防站、飞机场、仓库等的最佳位置的确定，都可以用中心选址功能来实现。

4.5.2　技能操作：进行网络分析

一、任务布置

GIS 软件中的网络分析功能有路径规划、旅行商分析、服务区分析、物流配送分析等。本次技能操作任务是对三亚市的警务网点进行服务区分析，用于分析现有网点是否满足服务需求。通过任务实施，使学习者掌握 GIS 软件的网络分析流程和方法，具备利用网络分析解决实际问题的能力。

二、操作示范

1. 操作要点

1）打开数据源。

2）对"道路"进行拓扑预处理，修正线数据集中的拓扑错误，为构建网络数据集做准备。

在"数据"选项卡、"拓扑"组中选择"线拓扑处理"，打开"线数据集拓扑处理"对话框。在此对话框中选择源数据，在"拓扑错误处理"选项中选择要处理的拓扑错误类型。单击"确定"，完成道路数据的拓扑预处理。

进行网络分析
（操作视频）

3) 构建二维网络数据集。在"交通分析"选项卡、"路网分析"组中选择"拓扑构网",在其下拉菜单中选择"构建二维网络",打开"构建二维网络数据集"对话框。在此对话框中进行数据集设置、结果数据集设置、打断设置等操作。单击"确定",二维网络数据集构建完成。

4) 服务区分析。在"交通分析"选项卡、"路网分析"组中选择"服务区分析",打开"环境设置"对话框,进行网络分析基本参数设置等操作。在"实例管理"对话框中添加服务站,进行服务区分析设置,例如:服务半径的大小。执行服务区分析。

2. 注意事项

网络分析参数值直接影响分析结果,因此,要根据实际需求合理设置参数。

三、任务实施

1) 扫描二维码并下载数据。
2) 打开数据源。
3) 构建交通网络数据集。
4) 进行服务区分析。
5) 对结果进行分析。

进行网络分析
(实验数据)

四、任务检查

以小组为单位,小组成员互相检查任务完成情况;指导、帮助没有完成的或成果存在错误的同学完成任务、修正错误。

五、成果提交

将任务成果(数据源文件和工作空间文件)提交至指导教师处。

六、任务评价

姓名:	班级:		学号:	
评价项目	评价指标		分值	得分
任务完成情况	1. 成果为数据源文件、工作空间文件		10	
	2. 数据源中包含原始数据集、网络分析过程和结果数据集		10	
	3. 地图中显示原始数据图层、网络分析结果图层		10	
成果质量	4. 线数据集进行了拓扑处理		10	
	5. 构建网络数据集成果正确		20	
	6. 服务区分析环境设置正确		20	
	7. 服务区分析结果正确		20	
合计			100	

【巩固拓展】

1. 简述网络分析的功能及解决的问题。
2. 简述 GIS 软件中服务区分析的过程。
3. 简述 GIS 软件中路径规划的过程。

任务6　进行空间插值

 【问题导入】

　　问题：在气象上，根据区域离散分布的气象站观测数据可以预测整个区域气温变化、降雨量分布情况，这里用到的是空间插值技术。那么，什么是空间插值？如何根据气象站数据进行气温图、降雨图制作？

4.6.1　空间插值

一、空间插值的概念

空间插值
（微课视频）

　　空间插值又称空间内插，是指根据观测点或样本点数据，运用数学方法推算区域内其他任意一点的值来描述和研究连续型面状实体的空间分布和变化特征。例如，根据气象站观测的降雨量、气温、湿度等气象数据，估算区域内其他各个地点的降雨量、气温或湿度；又比如，根据从某一地区获取的离散的地下水位观测值估算该地区任意地点的地下水位值。

　　空间插值的理论假设是，空间位置上越靠近的点越可能具有相似的特征值，而距离越远的点，其特征值相似的可能性越小。例如，某一地点的雨量很可能接近于离它最近的气象站观测的雨量，与离它较远的气象站测得的数据则相差较大。

二、需要进行空间插值的情况

　　1）现有的离散曲面的分辨率、像元大小或方向与所要求不相符。例如，将一个扫描影像从一种分辨率或方向转换到另外一种分辨率或方向的影像。

　　2）现有的连续曲面的数据模型与所需的数据模型不符。例如，将一个连续的曲面从一种空间切分方式变为另一种空间切分方式，从不规则三角网到栅格，或者矢量多边形到栅格。

　　3）现有的数据不能完全覆盖所要求的区域范围。例如，根据离散的采样点数据（如高程、地下水位、气温等）内插为连续的数据表面。

三、空间插值的方法

空间插值方法有很多，例如：线性内插法、双线性内插法、移动拟合法、趋势面插值法、样条函数法、克里金插值法。

1）线性内插法（图 4-28）是一种基于"物以类聚"思想，通过栅格附近的若干数据点估算栅格值的插值方法。线性内插法假设栅格中心点的高程值与其坐标 (x, y) 存在线性关系，首先通过栅格附近的若干已知数据点，建立线性曲面方程 $Z_p = a_0 + a_1 x + a_2 y$，然后将栅格的坐标值代入线性曲面方程，估算栅格中心点的高程。由于线性曲面方程具有三个待定系数 a_0、a_1、a_2，根据方程组求解原理，至少需要已知栅格邻近的三个数据点，才能求解出三个待定系数，建立线性曲面方程。

2）双线性内插法（图 4-29）同样是基于"物以类聚"思想的插值方法。与线性内插法的不同之处在于，双线性内插法采用曲面方程 $Z_p = a_0 + a_1 x + a_2 y + a_3 xy$ 作为拟合公式。双线性内插法假设待定点附近地形面的高程 Z 在 X 轴和 Y 轴方向均呈线性变化。由于曲面方程有四个待定系数 a_0、a_1、a_2、a_3，因此至少需要已知待定点附近的四个数据点，才能建立曲面方程。

3）移动拟合法（图 4-30）采用二次多项式 $Z_p = Ax^2 + Bxy + Cy^2 + Dx + Ey + F$ 拟合地面高程。该方法首先将坐标原点平移到待定点；然后利用待定点圆周领域内至少六个数据点，联立求解二次多项式的待定系数，建立二次多项式；最后根据二次多项式计算待定点的高程值 Z。当圆周领域内的数据点个数大于 6 时，采用最小二乘法求解待定系数。

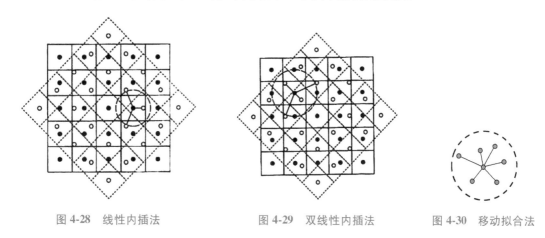

图 4-28　线性内插法　　　　图 4-29　双线性内插法　　　图 4-30　移动拟合法

4.6.2　技能操作：利用空间插值进行降雨量分析

一、任务布置

GIS 软件一般都提供克里金插值、距离反比权重插值、样条函数插值等多种插值方法，从而实现基于样本数据生成栅格表面的功能。本次技能操作任务以 2021 年河南省暴雨期间（7月19日至7月21日）的气象站降雨数据为基础，进行该区域降雨量分析。通过任务实施，使学习者学会利用空间插值生成栅格表面的方法。

二、操作示范

1. 操作要点

1）加载降雨分析所需数据源。

2）插值分析生成栅格表面。在"空间分析"选项卡、"栅格分析"组中选择"插值分析"，打开"栅格插值分析"对话框，进行参数设置，从而生成某一时间段的降雨量栅格表面。

利用空间插值制
作降雨量图
（操作视频）

3）提取降雨量等值面。在"空间分析"选项卡、"栅格分析"组中选择"表面分析"，在其下拉菜单中选择"提取指定面"，打开"提取指定等值面"对话框，进行指定等值面参数设置，提取降雨量等值面。

4）保存数据。

2. 注意事项

1）在进行插值分析时，"插值字段"要选择"降雨量"对应的字段。

2）在插值分析的"环境设置"中，"结果数据范围""裁剪范围"均设置为河南省区域。

【素养提示：关注国计民生，担起测绘责任】

借助空间插值技术进行降雨量分析、气温分析等，为农林、气象、水利等行业提供实时、有用的信息服务，为决策部门提供正确的数据支撑，在洪涝灾害等特殊时期尤为重要。

三、任务实施

1）扫描二维码并下载数据。

2）基于气象站数据通过插值分析生成降雨量栅格表面。

3）基于栅格表面提取指定等值面。

四、任务检查

利用空间插值制
作降雨量图
（实验数据）

以小组为单位，小组成员互相检查任务完成情况；指导、帮助没有完成的或成果存在错误的同学完成任务、修正错误。

五、成果提交

将任务成果（数据源文件和工作空间文件）提交至指导教师处。

六、任务评价

姓名:		班级:		学号:	
评价项目	评价指标			分值	得分
任务完成情况	1. 成果为数据源文件、工作空间文件			10	
	2. 数据源中包含原始数据集、降雨量栅格表面、等值面数据集			15	
	3. 地图中显示原始数据图层、降雨量栅格表面图层、等值面图层			15	
成果质量	4. 连续三天的降雨量数据插值分析结果正确			30	
	5. 基于降雨量栅格表面提取的等值面结果正确			30	
合计				100	

 【巩固拓展】

1. 简述空间插值的概念和应用。
2. 简述利用空间插值制作降雨量图的流程。
3. 借助空间插值技术，试制作自己所在省份的一月份最低气温、七月份最高气温图。

任务 7　建立数字高程模型并进行地形分析

【问题导入】

　　问题：山区学校选址，滑雪场的选址，紧急事故中救援飞机着陆位置选址，坡地公园景观设计，作物的生长区域选址，军事作战指挥中有利地形的选取等，这些与地形有关的问题，都可以借助数字高程模型及地形分析来解决。什么是数字高程模型？如何得到数字高程模型？如何根据数字高程模型解决与地形有关的问题？

4.7.1　数字高程模型及地形分析

一、数字高程模型（DEM）的概念

数字高程模型及
地形分析
（微课视频）

　　数字地面模型（Digital Terrain Model，简称 DTM）是连续起伏变化的地理空间表面的数字表示形式。例如，降水量、气温、地下水位等都可以用连续起伏变化的表面来表达。数字高程模型（Digital Elevation Model，简称 DEM）是连续起伏变化的地形面的一种数字表示形式，反映的是高程值在地理空间上的起伏变化。由此看出，DEM 是 DTM 的一个重要组成部分（图 4-31），可以直观形象地反映地球表面连续不断和起伏变化的情况。

二、DEM 的数据来源

1. 地面测量

利用全站仪、GNSS 等设备测得各地形点的（X，Y，Z）三维坐标，然后转存计算机中，作为 DEM 的原始数据。这种方法适合于小区域内、精度要求高的 DEM 的建立。

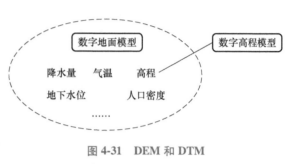

图 4-31　DEM 和 DTM

2. 地形图数字化

主要以大比例尺、近期生产的地形图为数据源，通过扫描数字化等方法得到地面点集的高程数据，用于建立 DEM。

3. 影像数据

以摄影测量与遥感影像为数据源，借助数字摄影测量系统等方法建立 DEM。

需要注意的是，数据采集是 DEM 的关键问题，采集的数据点密度太低会降低 DEM 的精度；数据点密度太高又会增大数据处理的工作量和不必要的存储量。因此，在 DEM 数据采集之前，确定合理的取样密度，或者数据采集时根据地形复杂程度动态调整采样点密度，这是非常重要的。

三、DEM 的表达方式

DEM 的表达方式主要有两种：规则格网（Grid）和不规则三角网（TIN）。

1. 规则格网

规则格网模型是将区域空间切分为规则的格网单元，每个格网单元对应一个数值。规则格网可以是正方形、矩形、三角形等，如图 4-32 所示。数学上可以表示为一个矩阵，在计算机实现中是一个二维数组，每个格网单元或数组的一个元素对应一个高程值，如图 4-33 所示。

图 4-32　规则格网形状

高程

91	78	63	50	53	63	44	55	43	25
94	81	64	51	57	62	50	60	50	35
100	84	66	55	64	66	54	65	57	42
103	84	66	56	72	71	58	74	65	47
96	82	66	63	80	78	60	84	72	49
91	79	66	66	80	80	62	86	77	56
86	78	68	69	74	75	70	93	82	57
80	75	73	72	68	75	86	100	81	56
74	67	69	74	62	66	83	88	73	53
70	56	62	74	57	58	71	74	63	45

图 4-33　高程矩阵

根据高程值的变化，高程矩阵表示成灰度图的形式（图 4-34），也可以是三维模型（图 4-35），以展现直观的 DEM。

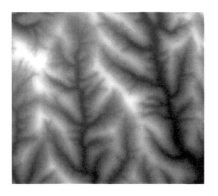

图 4-34　灰度显示

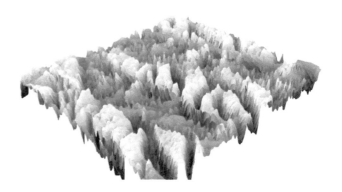

图 4-35　三维显示

在规则格网模型中，对于每个格网中数值表示的意义有两种不同观点。第一种是格网栅格观点，认为格网单元的数值是格网中所有点的高程，即一个格网单元内是均一的高度，这种 DEM 是一个不连续的函数。第二种观点是点栅格观点，认为格网单元的数值是格网中心点的高程或该格网单元的平均高程，这样，格网内所有不是中心点的高程值需要通过插值方法来计算。

规则格网 DEM 的优点：计算机处理矩阵比较方便，所以规则格网适合计算机处理；在以栅格数据为基础的 GIS 系统中，常常采用这种规则格网；有利于计算高程、坡度、坡向等数据。

规则格网 DEM 的缺点：不能准确表示地形的结构和细部，为了避免这些问题，可采用附加地形特征数据，如地形特征点、山脊线、山谷线等，以描述地形结构；如不改变格网大小，不能表达复杂的地形表面；平坦地区会存在大量的冗余数据。

2. 不规则三角网（TIN）

不规则三角网是指将不规则分布的离散点连接成三角形，若干个三角形依次相连形成不规则三角网，每个三角形是一个三角平面，表示地形表面的一部分。三角形的形状和大小取决于不规则分布的采样点的密度和位置。不规则三角网能够随地形起伏变化而改变采样点的密度和决定采样点的位置，因而它既能够避免地形平坦时的数据冗余，又能按地形特征线表示 DEM 的特征，如图 4-36 所示。

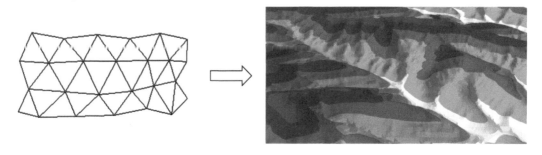

图 4-36　不规则三角网（TIN）

不规则三角网的优点：能充分利用地貌的特征点、特征线较好地表示复杂地形；可根据不同地形，选取合适的采样点数；方便进行地形分析和绘制立体图。

不规则三角网的缺点：对于地形的表达具有一定的局限性，例如，冰川用三角平面并不能很好地表示出来；为保证模型的精度，构建 TIN 模型时需要有足够数量的离散数据点；数据存储量一般较大；进行大规模、大区域的规范化管理，以及与图形数据或遥感影像数据进行联合分析时，存在一定困难。

四、基于 DEM 的地形分析

DEM 既可以直观形象地表达地表的空间分布特征，为三维地表分析提供科学、直观的表达模型，也可以用于数字地形分析。数字地形分析是指在 DEM 上进行地形属性计算和特征提取的数字信息处理技术。以 DEM 为基础的地形分析包括：地形制图和地形指标的计算。

1. 地形制图

利用 DEM 进行地形制图是指对 DEM 进行再加工，以专题图的形式表示地形的特征。地形制图的基本方法有等高线法、晕渲法、剖面图法和分层设色法等，如图 4-37 所示。

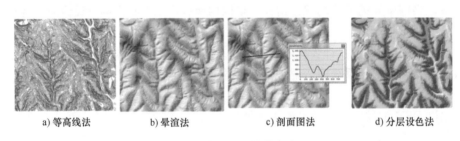

a) 等高线法　　　b) 晕渲法　　　c) 剖面图法　　　d) 分层设色法

图 4-37　地形制图的基本方法

2. 地形指标的计算

利用 DEM 进行地形指标的计算，主要包括坡度、坡向、平面曲率、剖面曲率等。现在 GIS 软件技术成熟，可以根据 DEM 方便地生成坡度图、坡向图、平面曲率图和剖面曲率图，如图 4-38 所示。

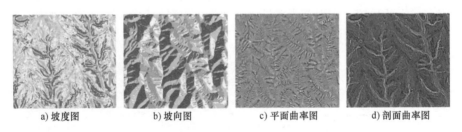

a) 坡度图　　　b) 坡向图　　　c) 平面曲率图　　　d) 剖面曲率图

图 4-38　地形指标计算

地形分析可以应用在采矿工程、市政工程、城市规划、军事等很多领域。例如，在机场选址时，要考虑地形面是否平整，是否利于飞机的起飞和降落；在建筑物设计时，要对它的视觉影响进行分析，判断是否被周围的山丘挡住视线。

4.7.2 技能操作：制作 DEM

一、任务布置

在 GIS 软件中，基于离散高程点数据通过插值分析可以生成 DEM。本次技能操作任务是在 GIS 软件实现 DEM 制作。通过任务实施，使学习者学会 DEM 的制作方法。

二、操作示范

1. 操作要点

1）加载离散的高程点数据。

2）构建 DEM。在"空间分析"选项卡、"栅格分析"中选择"DEM 构建"，在其下列菜单中选择"DEM 构建"，打开"DEM 构建"对话框。在此对话框中进行数据集、基本参数、结果数据等项目设置。

2. 注意事项

1）在"DEM 构建"对话框中，"高程字段"一定要选择相应的高程字段。

2）结合区域特点选择合适的空间插值方法。

制作 DEM
（操作视频）

三、任务实施

1）扫描二维码并下载数据。

2）在软件中加载数据。

3）进行 DEM 构建。

4）查看结果数据。

四、任务检查

以小组为单位，小组成员互相检查任务完成情况；指导、帮助没有完成的或成果存在错误的同学完成任务、修正错误。

制作 DEM
（实验数据）

五、成果提交

将任务成果（数据源文件和工作空间文件）提交至指导教师处。

六、任务评价

姓名：		班级：	学号：		
评价项目		评价指标		分值	得分
任务完成情况		1. 成果为数据源文件、工作空间文件		10	
		2. 数据源中包含原始数据集和 DEM 数据		15	
		3. 地图中显示高程点和 DEM 数据		15	

（续）

评价项目	评价指标	分值	得分
成果质量	4. DEM 构建操作中参数设置正确	30	
	5. DEM 结果数据正确	30	
合计		100	

4.7.3 技能操作：基于 DEM 进行地形分析

一、任务布置

本次技能操作任务是基于校园高程数据进行坡度分析、坡向分析，对登山步道设计方案进行剖面分析，以此判断设计方案是否合理；对观景凉亭进行可视域分析。

二、操作示范

1. 操作要点

1）打开"地形分析"数据源。

2）制作坡度图。在"空间分析"选项卡、"栅格分析"组中选择"表面分析"，在其下拉菜单的"地形计算"组中选择"坡度分析"，打开"坡度分析"对话框，制作该区域的坡度图。

3）制作坡向图。在"空间分析"选项卡、"栅格分析"组中选择"表面分析"，在其下拉菜单的"地形计算"组中选择"坡向分析"，打开"坡向分析"对话框，制作该区域的坡向图。

基于 DEM 进行地
形分析
（操作视频）

4）制作剖面图。选择"连接线"数据集作为剖面分析的直线。在"空间分析"选项卡、"栅格分析"组中选择"表面分析"，在其下拉菜单的"地形分析"组中选择"剖面分析"，打开"剖面分析"对话框，制作该连接线的剖面图。

5）两点的可视性分析。在"空间分析"选项卡、"栅格分析"组中选择"表面分析"，在其下拉菜单的"可视性分析"组中选择"两点可视性"。在地图区域通过鼠标单击选择观察点和被观察点，弹出"两点可视性分析"对话框。在该对话框中设置"附加高程"为人的身高，例如：1.8，单位为地图单位。系统消息会自动弹出两点可视性分析结果。

6）可视域分析。在"空间分析"选项卡、"栅格分析"组中选择"表面分析"，在其下拉菜单的"可视性分析"组中选择"可视域"，打开"可视域分析"对话框。用鼠标单击地图中的一个观察哨，并设置附加高程（即人的身高），即可生成该点的可视域范围。

7）三维场景中的可视域分析。将 DEM 数据添加到三维场景，并将观察点添加到该场景中。在"三维分析"选项卡、"空间分析"组中选中"可视域分析"，绘制起点，拖动鼠标绘制终点，系统自动显示可视域范围。

2. 注意事项

在进行可视性分析时，需要输入"附加高程"，其值为观察人员的身高。

三、任务实施

1）扫描二维码并下载数据。

2）打开数据源。

3）基于实验数据中的 DEM 制作该区域坡度图。

4）进行坡向分析。

5）进行可视性分析。

6）保存工作空间。

基于 DEM 进行地形分析
（实验数据）

四、任务检查

以小组为单位，小组成员互相检查任务完成情况；指导、帮助没有完成的或成果存在错误的同学完成任务、修正错误。

五、成果提交

将任务成果（数据源文件和工作空间文件）提交至指导教师处。

六、任务评价

姓名：		班级：	学号：		
评价项目		评价指标		分值	得分
任务完成情况		1. 成果为数据源文件、工作空间文件		10	
		2. 数据源中包含原始数据集、地形分析结果数据		10	
		3. 地图显示各地形分析结果		10	
成果质量		4. 坡度分析结果正确		20	
		5. 坡向分析结果正确		10	
		6. 剖面分析结果正确		10	
		7. 可视性分析结果正确		10	
		8. 可视域分析结果正确		10	
		9. 完成了三维可视域分析		10	
合计				100	

【巩固拓展】

1. 简述数字高程模型的数据来源和表达方式。

2. 北京 2022 年冬奥会有一个项目叫高山滑雪，赛场在国家高山滑雪中心，位于北京市延庆区西北部的小海陀山上。请查阅资料，了解该高山滑雪赛道的地形条件，试说明高山滑雪赛道的选址方法。

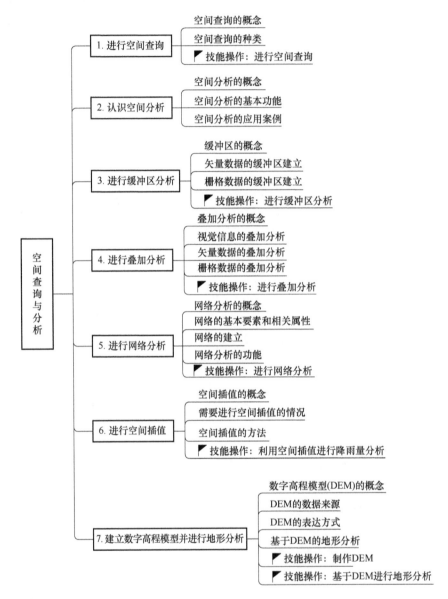

【项目总结】

- 空间查询与分析
  - 1. 进行空间查询
    - 空间查询的概念
    - 空间查询的种类
    - ▶ 技能操作：进行空间查询
  - 2. 认识空间分析
    - 空间分析的概念
    - 空间分析的基本功能
    - 空间分析的应用案例
  - 3. 进行缓冲区分析
    - 缓冲区的概念
    - 矢量数据的缓冲区建立
    - 栅格数据的缓冲区建立
    - ▶ 技能操作：进行缓冲区分析
  - 4. 进行叠加分析
    - 叠加分析的概念
    - 视觉信息的叠加分析
    - 矢量数据的叠加分析
    - 栅格数据的叠加分析
    - ▶ 技能操作：进行叠加分析
  - 5. 进行网络分析
    - 网络分析的概念
    - 网络的基本要素和相关属性
    - 网络的建立
    - 网络分析的功能
    - ▶ 技能操作：进行网络分析
  - 6. 进行空间插值
    - 空间插值的概念
    - 需要进行空间插值的情况
    - 空间插值的方法
    - ▶ 技能操作：利用空间插值进行降雨量分析
  - 7. 建立数字高程模型并进行地形分析
    - 数字高程模型(DEM)的概念
    - DEM的数据来源
    - DEM的表达方式
    - 基于DEM的地形分析
    - ▶ 技能操作：制作DEM
    - ▶ 技能操作：基于DEM进行地形分析

【项目评价】

1. 知识评价

扫描二维码，完成理论测试。

2. 技能评价

本项目中各实训任务评价结果按照一定的比例（各指导教师可自行拟定）计算出本项目技能评价成绩。

项目4 知识评价

3. 素质评价

评价内容	评价标准
分析问题、解决问题的能力	结合案例，以所学知识、技能为基础，培养 GIS 分析问题、解决问题的能力
使命担当情怀	结合城市基础设施选址分析、森林自然保护区规划、交通路径规划、降雨量地图制作、退耕还林中陡坡耕地提取等案例，建立服务生态文明建设和各行业经济发展的使命担当情怀

【大赛直通车】

GIS 大赛之分析组

1. 题目

作品要求使用 GIS 的方法，通过对空间数据的分析和挖掘，解决行业应用和生活中的实际需求。作品自由选题，内容不限，综合考查参赛选手发现问题、分析问题和解决问题的能力。

2. 评分标准

1）解题思路：选题能否解决实际工作和生活中业务需求，问题分析是否全面、正确，解题思路是否完善清晰。

2）解题过程：结合解题实际需求，能否做到数据制作正确合理，空间数据和属性数据齐备，分析方法选择准确，形成结果地图。

3. 提交要求

参赛作品提交的资料要求严格按照大赛组委会规定的文件夹的层级、名称以及文件命名要求。

4. 其他

大赛详细赛制规则，请访问 https://www.supermap.com/zh-cn/a/news/list_9_1.html。

项目 5

地理信息可视化

【项目概述】

　　空间数据及其经过分析处理后的成果以某种可以感知的形式（地图、图像、图表、虚拟现实等）展现出来，以供 GIS 用户使用，这就是 GIS 中的地理信息可视化，最常见的形式就是地图。本项目包括认识地理信息可视化、学习地理信息可视化的一般原则、学习专题信息的表示方法。

 【知识目标】

　　1. 掌握地理信息可视化的概念及类型。
　　2. 掌握地理信息可视化的一般原则。
　　3. 掌握专题信息的概念和表示方法。

 【技能目标】

　　1. 能描述地理信息可视化的类型。
　　2. 能利用 GIS 软件进行地图符号制作、色彩搭配、注记设计。
　　3. 能利用 GIS 软件制作普通地图、专题地图。
　　4. 能进行地图的输出设计。

 【素质目标】

　　1. 严格按照《中华人民共和国测绘法》《地图管理条例》等条例文件进行地图编制、出版、展示、登载及互联网地图服务，维护国家主权、保障地理信息安全、方便人们生活。
　　2. 对于国家基本比例尺地形图编绘，应严格按照《国家基本比例尺地图编绘规范》（GB/T 12343）进行地图设计、编绘工作。
　　3. 结合 GIS 新技术、新方法、新应用，创新专题地图的表达形式。
　　4. 将美学知识应用到地理信息可视化中，提高 GIS 产品的审美性。
　　5. 选取我国优秀传统文化、革命文化、社会主义先进文化等主题制作专题地图，用地图讲好中国故事、传播中国声音，坚守中国文化自信。

任务1　认识地理信息可视化

【问题导入】

　　问题：随着网络技术的发展，地图随处可见，例如：电子地图、各类专题地图，内容丰富、布局精美、直观易读。地图就是地理信息可视化最基本的形式。那么，什么是地理信息可视化？除了地图，地理信息可视化还有哪些形式？

一、地理信息可视化的概念

　　可视化是将科学计算中产生的大量非直观的、抽象的或者不可见的数据，借助计算机图形学和图像处理等技术，以图形、图像、信息的形式，直观形象地表达出来，并进行交互处理。例如，山东省2000年到2017年总人口的统计数据，通过数据对比，我们可以大致看出人口变化情况，如图5-1所示。

地理信息可视化的概念（微课视频）

2000	2001	2002	2003	2004	2005	2006	2007	2008	2009	2010	2011	2012	2013	2014	2015	2016	2017
8998	9041	9082	9125	9180	9248	9309	9367	9417	9470	9588	9637	9685	9733	9789	9847	9947	10006

绘图报表

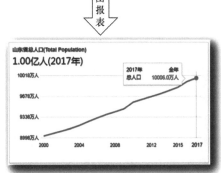

图5-1　山东省2000年到2017年总人口的统计数据及可视化表达

　　地理信息可视化是以地理信息科学、计算机科学、地图学、认知科学、信息传输学与地理信息系统为基础，通过计算机技术、数字技术、多媒体技术，直观、形象地表现、解释、传输地理空间信息并揭示其规律。

　　例如，2020年山东省整体降雨情况通过地图形式将其可视化，直观易读，如图5-2所示；电子地图导航系统将地图、图像、音频、视频等多种媒体方式集成起来，形象直观，如图5-3所示，极大地方便了司机驾驶操作。

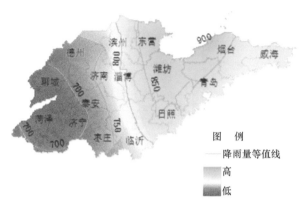

山东省降雨量图（2020年）

图 5-2 　山东省降雨量图（示意图）

图 5-3 　电子地图导航系统

二、地理信息可视化的类型与输出方式

1. 地理信息可视化的类型

地理信息可视化从表现内容上可以分为图形、多媒体地理信息、虚拟现实（VR）等多种类型。

（1）图形　图形主要包括地图、图像、统计图表等。

1）地图，自产生起就是可视化的产物，它是空间实体的符号化模型，是 GIS 产品的主要表现形式。

地理信息可视化的类型（微课视频）

按照载体形式，地图可分为纸质地图和数字地图等。纸质地图是静态的，直观性强，可读性强，但在存储、更新、多层次分析等方面存在很大困难。数字地图是以数字形式来记录和存储地图。与纸质地图相比，数字地图有很多优点：存储介质是 U 盘、硬盘、光盘等设备，与纸张相比，信息存储量大、体积小、方便携带；数字地图可以在计算机上借助高分辨率的显示器显示；与地理信息系统结合，方便进行地图的快速更新，方便实现多层次的复合分析。

【素养提示：学习王家耀院士事迹——专注、执着，创新地图事业发展】

王家耀，中国科学院院士、地图学与地理信息工程专家。1972年，一本名为《计算机绘图》的英文版著作让他心头一动：既然计算机能绘制机械图，为什么不能绘制地形图呢？1978年，王家耀带领团队研发了我国第一幅计算机绘制的地图，开启我国地图新时代。1979年，王家耀与同事一起开创了我国第一个计算机地图制图专业，同时由他筹建的实验室也初具规模，这成为从纸质地图至数字化地图，建立各种地理信息系统的一个里程碑。王家耀院士一生专注于地图与地理信息科学研究，创造过很多个第一，为我国地图与地理信息科学技术发展做出重大贡献。

按照表示内容，地图又分为全要素地图和专题地图。全要素地图内容包括水系、地貌、植被、居民地、交通、境界、独立地物等要素，它们具有统一的大地测量控制，统一的地图投影和分幅编号，统一的编制规范和图式符号，属于国家基本比例尺地形图，是编制各类专题地图的基础。专题地图是突出表示一种或几种自然现象或社会经济现象的地图，例如人口分布图。专题地图包括地理基础和专题内容两部分。

根据地理实体的空间形态，常用的地图种类有点位符号图、线状符号图、面状符号图、等值线图、三维立体图、晕渲图等。

2）图像，是空间实体的一种模型，它不采用符号化的方法，而是采用人的直观视觉变量表示各空间实体的位置和质量特征，属于栅格数据，例如正射影像图，如图 5-4 所示。

3）统计图表，包括统计图和数据报表，用来表示非空间信息。常用的统计图表有柱状图、饼状图、散点图、折线图等多种形式，如图 5-5 所示。例如，用柱状图表示人口的变化情况，直观易读。

图 5-4　正射影像图

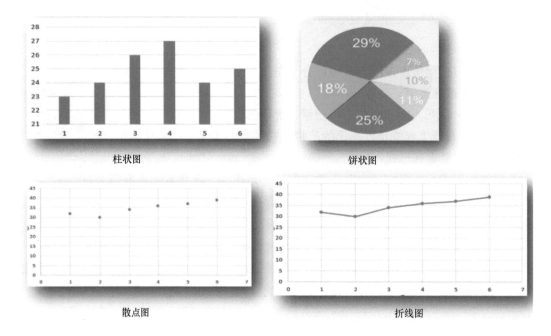

柱状图　　　　　　　　　　　饼状图

散点图　　　　　　　　　　　折线图

图 5-5　统计图表

（2）多媒体地理信息　多媒体地理信息是将文本、声音、图形、动画、音频、视频等各种媒体融为一体，综合、形象地表现地理信息，使得 GIS 的表现形式更丰富、更灵活、更友好，是地理信息可视化的重要形式。例如汽车导航系统，除了具有电子地图的优点之外，还增加了地图表达地理信息的媒体形式，以听觉、视觉等多种感知形式，直观、形象地表达地理信息。

（3）虚拟现实（VR）　虚拟现实是通过头盔式的三维立体显示器、数据手套、三维鼠标、数据衣、立体声耳机等设备，使人完全沉浸在计算机创造的一种特殊三维图形环境中，并且可以操作控制三维图形环境以实现特殊的目的，如图 5-6 所示。

虚拟现实技术、计算机网络技术与地理信息相结合，可产生虚拟地理环境。虚拟地理环境是基于地学分析模型、地学工程的虚拟现实，是地学工作者根据观测实验、理论假设建立

图 5-6　虚拟现实

起来，以表达和描述地理系统的空间分布及过程现象的虚拟地理信息世界，是一个关于地理系统的虚拟实验室。

虚拟地理环境的特点是：地理工作者可以进入地学数据中，有身临其境的感觉；具有网络性，为处于不同地理位置的地学专家开展同步合作研究、交流与讨论提供了可能。

2. 地理信息可视化的输出方式

一般地理信息系统软件都为用户提供三种主要的图形、图像和属性数据报表输出方式，包括屏幕显示、矢量绘图仪输出、打印输出，如图 5-7 所示。

a) 屏幕显示　　　　　　　b) 矢量绘图仪输出　　　　　　c) 打印输出

图 5-7　地理信息可视化产品输出方式

屏幕显示主要用于系统和用户交互式的快速显示，可用于日常的空间信息管理和小型科研成果输出。

矢量绘图仪用来绘制高精度的比较正规的大图幅图形产品。常用的矢量绘图仪是笔式绘图仪，它通过计算机控制笔的移动而产生图形。

打印输出是通过打印机进行输出。打印机主要有点阵打印机、喷墨打印机、激光打印机三种形式。其中，点阵打印机可打印比例准确的彩色地图，渲染图比矢量绘图均匀，便于小型地理信息系统采用，但解析度低，且打印幅面有限，大的输出图需进行图幅拼接。喷墨打印机属于高档的点阵输出设备，输出质量高、速度快，是 GIS 产品主要的输出设备。激光打印机是一种既可用于打印又可用于绘图的设备，它可以长年保持印刷效果清晰细致，印在任何纸张上都可得到好的效果，激光打印机绘制的图像品质高，绘制速度快，也是当前计算机图形输出的主要设备。

【巩固拓展】

1. 简述地理信息可视化的概念和类型。
2. 简述地图、图表、图像在表达地理信息内容和功能上的区别。

任务2　学习地理信息可视化的一般原则

【问题导入】

问题：如前所述，地理信息可视化最基本的形式是地图，它通过符号、色彩、文字注记、图面配置等表达地理信息。符号、色彩、文字注记、图面配置在运用和设计时需要遵循一定的原则，即地理信息可视化的一般原则。那么，地理信息可视化的一般原则有哪些？

5.2.1　地理信息可视化的一般原则

一、符号的运用原则

空间对象以其位置和属性为特征。一般用符号的位置表示该要素的空间位置，用该符号与视觉变量组合来表示该要素的属性数据。

视觉变量是指能引起视觉差别的最基本的图形和色彩变化因素，又称为基本图形变量，如图 5-8a 所示，最基本的视觉变量通常包含形状、尺寸、方向、明度、密度和颜色，后来我国地图学家在此基础上加上了结构和位置。

在视觉变量的运用上，符号的形状表示空间对象的类别，如图 5-8b 中利用不同形状的符号分别表示公路、桥梁、车站、飞机场等对象。符号的大小和纹理密度表示图上要素的数量差别，如图 5-8c 的专题信息表示中，用符号的大小表示人口数量的多少，符号大的表示人口数量多，符号小的表示人口数量少。色彩的色相、色值、彩度和图案通常表示标称或定性数据，如图 5-8d 中表示土地类型时，在面状区域内采用不同的图案、颜色表示不同的土地类型。

符号运用时应遵循的基本原则主要有以下几点：

（1）保证定位准确性　正常情况下，我们要保证符号的定位准确性。在地形图图式中，不同的符号定位中心位置不一样，有符号中心定位和符号基线中心定位。符号中心定位是指符号中心表示地物的实际位置，如图 5-9a 所示；符号基线中心定位是指基线的中心是地物的实际位置，如图 5-9b 所示。

另外，由于地物的密集，随着比例尺的缩小，相距比较近的地物表示在地图上时会出现重叠、压盖等现象，如图 5-10 所示。出现这种情况时，一般原则是：保证重要的地物位置准确，将次要的地物移位表示。

（2）易读性　符号的布局、组合和纹理直接影响图面的易读性。例如省会、市、县、镇用不同的圈型符号来表示，通过形状、大小的区别表示城市的等级，增强易读性。

（3）视觉差异性　视觉上的差异性可以提高符号的分辨能力和识别能力。例如，相似的符号，如果尺寸差异性太小，则不容易分辨。当然也不是差异性越大越好，要考虑整个图

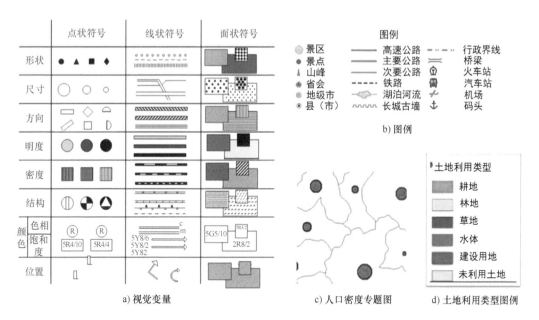

a) 视觉变量　　　　　　　　　c) 人口密度专题图　　　d) 土地利用类型图例

图 5-8　视觉变量的运用

三角点　　埋石图根点　　水准点　　独立天文点　　　　亭　　文物碑石　　钟楼、鼓楼、城楼、古关塞

a) 符号中心定位　　　　　　　　　　　　　　b) 符号基线中心定位

图 5-9　符号的定位

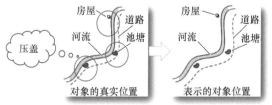

目标冲突情况下优先保证重要目标的定位准确。

图 5-10　符号重叠、压盖时的处理办法

面的协调性。符号运用过程中，要尽量使用符号视觉变量的不同组合来提高差异性，但过多的符号差异会导致图面的繁杂，不利于符号的识别。

二、色彩的运用原则

色彩有三个属性，即色相、色值、彩度，如图 5-11 所示，彩度也称为饱和度。这三个要素的运用也是地图可视化中重要考虑的问题。这里主要从感情色彩、习惯用色、色彩方案三个方面进行介绍。

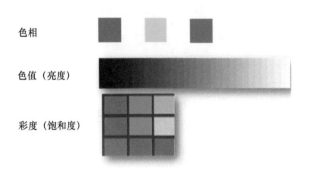

图 5-11　色彩的三个属性

1. 感情色彩

制图中要充分考虑人的感情色彩和情绪，使效果更人性化。例如，对于灾害性事件的表示，要尽量少使用欢乐的亮色；不同民族的文化特点和背景又赋予色彩各自的含义和象征，制图时要尊重各个民族使用色彩的习惯。

2. 习惯用色

在长期的研究实践中，制图人员总结出一系列的习惯用色，有的已经形成规范。例如：绿色表示植被，蓝色表示水系。数据表达中要充分考虑人们在长期阅图中形成的习惯和专业背景。

3. 色彩方案

色彩的配置方案主要是通过色相、色值和彩度的综合运用来表达不同制图对象的属性信息。

三、文字注记的运用原则

文字注记主要包括字体的变化、字体类型和字体摆放三个方面。字体的变化是指在字样、字形、大小、颜色等方面的变化。字体类型很多，在选择时要考虑可读性、协调性和传统习惯。字体摆放需要遵循的基本原则是：文字摆放的位置应能显示其所标识空间要素的位置和范围。

如图 5-12 所示，对于点状要素的名称，应放在符号的右上方，与其他要素冲突时可移位显示；线状要素的名称，应以条块状与该要素走向平行；面状要素的名称，应放在能指明其面积范围的地方。

a) 点状要素的名称在符号右上方　　b) 线状要素的名称与线平行　　c) 面状要素的名称一般放置在面积范围内

图 5-12　文字注记的位置

四、图面配置的基本原则

一幅完整的地图图面一般包括主图、副图、图名、图例、比例尺、图廓、指北针、制图时间、坐标系统等内容。图 5-13 是一幅山东省地图的图面内容安排。图面配置原则是：主题突出、图面均衡、视觉层次清晰、易于阅读，以求美观和逻辑的协调统一而又不失人性化。

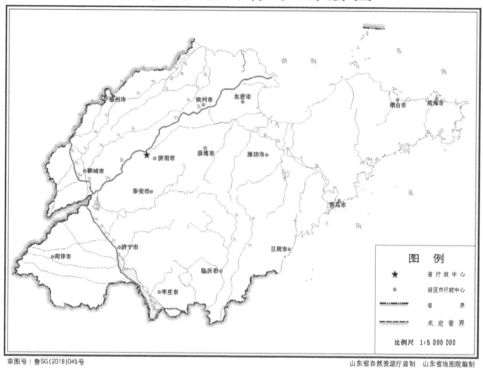

图 5-13　地图图面配置示例

1）主图：地图图幅的主体，应占有突出位置及较大的图面空间。

2）副图：补充说明主图内容不足的地图，如主图位置示意图、内容补充图等。

3）移图：当制图区域的形状、地图比例尺与制图区域的大小难以协调时，可将主图的一部分移到图廓内较为适宜的区域，即为移图。

4）图名：展示地图主题最直观的形式，应当突出、醒目。一般可放在图廓外的北上方，或图廓内以横排或竖排的形式放在左上、右上的位置。

5）图例：应尽可能集中在一起，经常都被置于图面中的某一角。为避免图例内容与图面内容的混淆，被图例压盖的主图应当镂空。

6）比例尺：一般被安置在图名或图例的下方，有数字式、文字式、线段式这三种表达方式，以线段的形式最为有效、实用。另外，比例尺不是必需的。

7）图廓：一般以两根内细外粗的平行黑线显示内、外图廓，也有的在图廓上表示有经纬度分划注记，有的为检索而设置了纵横方格的刻度分划。

【素养提示：传承地图文化，创新地图发展】

地图除了具有科学性、政治性、法定性，还具有艺术性。因此，在地图制作中，我们除了遵循规范、习惯外，还应融入美学思维、创新思维，灵活运用地图符号、色彩、注记等要素，以及现代化技术手段，创新发展地图表现形式。

5.2.2 技能操作：制作普通地图

一、任务布置

如前所述，地图是地理信息可视化的主要形式。本次技能操作任务是借助 GIS 软件制作一幅普通地图。通过任务实施，使学习者学会利用 GIS 技术制作普通地图的方法，包括符号、色彩、注记设计，以及地图布局设计。

二、操作示范

1. 操作要点

1）打开数据源。

2）将数据集显示在地图窗口中，进行图层风格设计。

3）新建文本数据集，制作注记图层。

4）新建布局，打开布局界面。在布局中添加地图，并为地图添加文本、比例尺、指北针、图例等要素，并保存布局。

制作普通地图
（操作视频）

5）保存工作空间。

2. 注意事项

由于地图、布局都保存在工作空间文件中，因此要随时保存工作空间，以保存地图渲染和布局设计效果。

【素养提示：严格遵循规范制图】

在制作普通地图时，尤其是国家基本比例尺系列地形图，要严格遵循国家现行标准《国家基本比例尺地图编绘规范》（GB/T 12343）、《国家基本比例尺地图图式》（GB/T 20257）、《国家基本比例尺地图测绘基本技术规定》（GB 35650），规范制作地图。

三、任务实施

1）扫描二维码并下载数据。

2）打开数据源。

3）对空间数据进行符号化显示。

4）进行布局设计。

制作普通地图
（实验数据）

5）保存工作空间。

四、任务检查

以小组为单位，小组成员互相检查任务完成情况；指导、帮助没有完成的或成果存在错误的同学完成任务、修正错误。

五、成果提交

将任务成果（数据源文件和工作空间文件）提交至指导教师处。

六、任务评价

姓名：		班级：	学号：		
评价项目		评价指标		分值	得分
任务完成情况		1. 成果为数据源文件、工作空间文件		10	
		2. 工作空间包含实验数据源、经过设计的地图和布局		20	
成果质量		3. 地图符号运用合理、规范；色彩搭配符合制图习惯和规范；注记字体、字号、色彩等符合规范，无压盖现象		30	
		4. 布局中主图突出，图名位置显著，图例、指北针、比例尺等要素完整		20	
		5. 地图、布局设计精益求精，规范、美观		20	
合计				100	

 【巩固拓展】

1. 简述地理信息可视化的一般原则。
2. 结合实验简述制作普通地图的流程、工作内容及注意事项。

任务 3　学习专题信息的表示方法

【问题导入】

问题：我们经常看到的行政区划图、地形图、旅游地图、气温图、各类资源分布图、人文地图等，都称为专题地图，专题地图表达的是专题信息。那么，专题信息有哪些表达形式？专题地图如何制作？

5.3.1 专题信息的表示方法

一、专题地图

专题信息是指具有优先目标和专业特点的地理信息，它为特定的专门
目的服务。专题信息通常用专题地图来表示。专题地图是突出并较完备地
表示一种或几种自然现象或社会经济现象而使内容专门化的地图。

专题信息的表示
方法
（微课视频）

（1）专题地图的分类　专题地图按照内容可分为三类：自然地图、社
会经济地图和其他专题地图。

1）自然地图表示自然界各种现象的特征、地理分布及其相互关系，
例如地质图、水文图、气温图、植被图等。

2）社会经济地图表示各种社会经济现象的特征、地理分布及其相互关系，例如人口分
布图、农业地图、土地利用图等。

3）其他专题地图是指不属于上述两类的专题地图，例如航海图、航空图等。

（2）专题地图的内容　专题地图是在地理底图上突出表示自然要素或社会经济现象，
因此专题地图内容包括地理基础和专题内容。地理基础是指起底图作用的地理要素，一般是
普通地图上的一部分内容要素，例如经纬网、水系、居民地、交通线等；专题内容是指专题
地图突出表示的主要内容，例如土地利用类型。地理基础表示专题内容的地理位置，并说明
专题内容和地理环境的关系。

（3）专题地图的特征　相比普通地图，专题地图有以下几个特征：

1）专题地图表示的内容专一，着重表示普通地图中的一种或几种要素，其他的概略表
示或不表示。

2）专题内容大部分是普通地图上所没有的，以及地面上不易观察到的，或者存在于空
间而无法直接测量的，或不可重现的一些历史事件，例如全国气温专题图。

3）专题地图不仅能表示现象的现状、分布规律及其相互联系，还能反映现象的动态变
化和发展规律，包括运动的轨迹、运动的过程，质和量的增长以及发展趋势。

4）专题地图不仅能表示现象的空间分布和定性特征，还能较好地表示现象的数量特征。

5）专题地图具有专门的符号和特殊的表示方法，可以通过地图符号的图形、颜色和尺
寸等的变化，使专题内容突出于第一层平面，增强地图的立体感。

二、专题地图的表示

专题地图有多种多样的表示方法，选择合理的表示方法和表现手段是提高科学内容表现
能力的保证。概括地说，专题地图表示方法如下：

1. 定位符号法

定位符号法是以不同形态、颜色和大小的符号，来表示呈点状分布的地理资源的分布、
数量和质量特征。这种符号在图上具有独立性，能准确定位，是不依比例尺表示的符号，如
图 5-14 所示的生态资源分布图。这种表示法将符号绘在现象所在位置上，符号大小反映数
量特征，符号形态和颜色相配合反映质量特征。

2. 线状符号法

有许多物体或现象（例如道路、河流及境界）呈线状分布，地图上用线状符号来表示，

图 5-14　定位符号法

如图 5-15 所示。线状符号既能反映线状地物的分布，又能反映线状地物的数量与质量。关于线状符号的定位线，若是单线符号则在单线上，若是双线符号则在中线上。

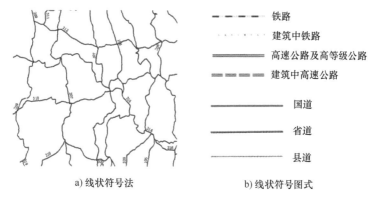

a) 线状符号法　　　　　　　　　b) 线状符号图式

图 5-15　线状符号法

3. 质底法

质底法又称质别底色法，是将全制图区域按照专题现象的某种指标分为不同区域，在各区域范围内填绘不同颜色或图案，以显示连续而布满全制图区域的现象的质的差别，例如区划图，包括行政区划图、农业区划图、植被区划图、土壤类型图等。质底法不强调数量特征，只强调属性特征。

4. 分级统计图法

分级统计图法常用于统计制图，即将制图区域分成若干区（通常按行政区划分区），按各区现象的集中程度划分等级，然后按级别的高低分别涂以深浅不同的颜色或绘以方格、疏密不同的晕线。这种方法适用于相对指标，例如：表示人口密度的每平方米多少人，表示经济指标的每人多少元钱，表示地理信息中某种现象水平高低的空间分布特征。

5. 等值线法

等值线法是指利用一组等值线表示全制图区域现象数量变化分布特征，适用于描述地形起伏、气温、降水、地表径流等布满整个制图区域的均匀渐变的自然现象。所谓等值线是将现象数量指标相等或显示程度相同的各点连成平滑曲线，例如，地形图上表示地形高低起伏变化的等高线，表示气温分布的等温线，表示降水现象的等降水量线等。

6. 范围法

范围法是用于表示呈现间断的、成片分布的面状对象，而用真实或隐含的轮廓线来表示对象的分布范围，轮廓线内部再用颜色、网纹、符号以及注记等手段区分质量特征，如图 5-16 所示。例如森林、湖泊、水库、经济作物、野生动物等分布专题图。

图 5-16　范围法

7. 点值法

点值法主要用于描述制图区域中呈分散的、复杂分布的，以及无法勾绘其分布范围的现象，如人口、动物分布等，通过一定大小和形状相同的点群来反映。每一个"点子"本身大小相同，所代表的数量也相等。"点子"的分布具有定位功能，代表现象大致的分布范围；"点子"数目的多少反映数量特征；"点子"的集中程度反映现象的分布密度。

8. 分区统计图表法

分区统计图表法是将各分区单元内的统计数据，描绘成不同形式的统计图表，并置于相应的区划单元内，以反映各区划单元内的现象总量、构成和变化。例如，分区统计图表法可以表示产业结构、年龄比例和性别比例等信息分布。分区统计图表法把整个区域作为整体，可以显示现象的绝对和相对数量、内部结构组成、发展动态等，但只能概略地反映地理分布，而不能反映区域内的差别。分区统计图表法反映的是区域的现象，而不是点的现象，并适宜于表示绝对数量。采用较多的统计符号是立体统计图、饼状统计图、柱状统计图等。

9. 动线法

动线法是线状要素的另一种表示方法。动线法用箭形符号、不同宽度及颜色的条带，来显示现象的移动方向、路线及其数量和质量特征。例如，春运期间的人流迁移地图就是用动线法来表示客流情况。在设计动线法的符号时，不同形状和颜色的条带，可以表示不同类型的指标。例如，在洋流图中，用红色的线条表示暖流，而用蓝色的线条表示寒流。同样可以使用不同粗细的条带表示运动的速度和强度，以箭头形状符号表示运动的方向。动线法还可以用箭头的长短表示现象的稳定性，箭头较长表示运动的稳定性更强。

5.3.2　技能操作：制作专题地图

一、任务布置

GIS 软件可以制作多种类型的专题地图，表示不同的专题信息。本次技能操作任务是制作专题地图。通过任务实施，使学习者学会制作单值专题图、分段专题图、点密度专题图、统计专题图、标签专题图等的方法，能根据专题信息选择合适的表达方式。

二、操作示范

1. 操作要点

1）加载专题信息。打开数据源，将带有专题信息的数据集显示在地图窗口。

2）制作专题图。可以采用两种方式：一，在"专题图"选项卡中，根据专题信息选择合适的专题图形式；二，在"图层管理器"中的图层名称上右击，打开右键菜单，选中"制作专题图"，打开"制作专题图"对话框，选中合适的专题图形式。

制作专题地图
（操作视频）

3）专题图修改。在"专题图"面板中，进行专题图属性、风格等设计。

2. 注意事项

根据专题信息选择适合的专题地图形式。

【素养提示：弘扬中国文化，讲好中国故事】

专题地图表示内容广泛，凡是与位置有关的信息都可以通过专题地图的形式表现出来，例如：区域社会经济发展（像农业、工业、服务业等）、地域文化、重大历史事件等。因此，我们可以借助专题地图展示中国传统文化、红色文化、国家重大历史事件、国家（或区域、城市）战略规划、改革开放和社会主义现代化建设成就等，弘扬中国文化，讲好中国故事。

三、任务实施

1）扫描二维码并下载数据。
2）打开数据源。
3）制作专题地图。
4）进行专题地图输出设计。
5）保存工作空间。

制作专题地图
（实验数据）

四、任务检查

以小组为单位，小组成员互相检查任务完成情况；指导、帮助没有完成的或成果存在错误的同学完成任务、修正错误。

五、成果提交

将任务成果（数据源文件和工作空间文件）提交至指导教师处。

六、任务评价

姓名：		班级：	学号：		
评价项目	评价指标			分值	得分
任务完成情况	1. 成果为数据源文件、工作空间文件			10	
	2. 工作空间包含单值专题图、分段专题图、点密度专题图、统计专题图、标签专题图等多个地图			10	

（续）

评价项目	评价指标	分值	得分
成果质量	3. 正确运用单值专题图表达专题信息	10	
	4. 正确运用分段专题图表达各区域数量特征，例如：GDP、人口	15	
	5. 正确运用点密度专题图表达各区域数量特征，例如：人口	15	
	6. 正确运用统计专题图表达各区域统计信息	20	
	7. 正确运用标签专题图对要素进行注记设计	20	
合计		100	

【巩固拓展】

1. 简述点状、线状、面状专题信息的表示方法。

2. 2014 年，我国有 832 个贫困县，经过多年的持续奋斗，在 2020 年底，832 个贫困县全部脱贫，取得了脱贫攻坚战的全面胜利。请查阅资料，了解 2014 年至 2020 年 832 个贫困县脱贫过程，以国家标准地图为底图，设计、制作脱贫专题图。

3. 搜集自己所在省份的红色文化素材，制作红色文化地图。

【项目总结】

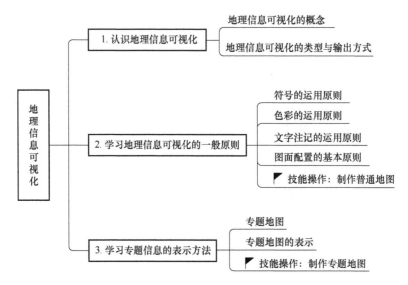

【项目评价】

1. 知识评价

扫描二维码，完成理论测试。

项目5　知识评价

2. 技能评价

本项目中各实训任务评价结果按照一定的比例（各指导教师可自行拟定）计算出本项目技能评价成绩。

3. 素质评价

评价内容	评价标准
规范制作地图意识	按照国家、行业标准和规范，制作标准地图
传承创新精神	传承我国优秀地图文化，用新技术、新方法创新地图可视化形式和内容
审美意识	建立审美意识，提高地图的审美性、艺术性
弘扬中国文化，讲述中国故事	以中国传统文化、红色革命文化、国家战略、重大事件等为主题，制作人文专题地图，传承中国文化，讲中国故事

 【大赛直通车】

GIS 大赛之制图组

1. 题目

使用 SuperMap 软件配置一幅（或多幅）平面地图，自由选题，作品内容不限，可基于多种数据来源经过数据加工处理和制图表达手段创作出具有特色风格的专题地图。该组别不涉及开发，综合考查参赛选手地理信息处理和可视化表达的能力。

2. 制图要求

1）作品主题鲜明，体现地理智慧。选题思想正确，内容翔实，重点突出，有实际应用意义。

2）地图美观专业、视觉感染力强。地图是地理信息的一种图形表达方法，为了信息表达取得更好的效果，地图在视觉上必须要有很强的感染力。

3）地图显示流畅。地图显示的性能直接影响用户的体验，流畅的显示速度是地图的重要指标之一。

3. 评分标准

1）选题：主题立意深远，各个专题地图的主题是否紧密相关，共同为总主题服务。

2）数据：数据是否符合国家规范的要求，数据处理是否得当。

3）地图：符号的选择与制作是否能够表达其数据特征，地图色彩是否符合行业使用习惯，标签的运用是否合理、恰当、简洁等，地图及其布局是否美观、层次清晰。

4. 提交要求

参赛作品提交的资料要求严格按照大赛组委会规定的文件夹的层级、名称以及文件命名要求。

5. 其他

大赛详细赛制规则，请访问 https：//www. supermap. com/zh-cn/a/news/list_9_1. html。

项目 6

GIS 综合应用

【项目概述】

　　GIS 技术凭借其对空间数据的采集、编辑、处理、管理、分析、可视化等功能广泛应用于国土资源管理、智慧城市、智慧水利等诸多行业，在自然资源管理和各行各业建设中发挥重要作用。本项目包括认识 3S 集成技术及应用、学习 GIS 技术在智慧城市中的应用、学习 GIS 技术在智慧水利中的应用。通过本项目的学习，使学习者认识 GIS 技术在各行业中的综合应用，为将来利用 GIS 技术服务生态文明和社会经济建设工作打下基础。

【知识目标】

　　1. 掌握 3S 集成技术的概念、集成方法。
　　2. 掌握 GIS 技术在智慧城市建设中的应用方式。
　　3. 掌握 GIS 技术在智慧水利建设中的应用方式。

【技能目标】

　　1. 能描述 GIS、GNSS、RS 在 3S 集成技术中发挥的作用。
　　2. 能描述 3S 集成技术在全国土地调查中的作用。
　　3. 能描述 GIS 技术在智慧城市中的应用内容和方法。
　　4. 能利用 GIS 技术进行基础设施选址分析。
　　5. 能描述 GIS 技术在智慧水利中的应用内容和方法。
　　6. 能利用 GIS 技术进行淹没分析。

【素质目标】

　　1. 了解北斗卫星导航系统建设历程，弘扬"自主创新、开放融合、万众一心、追求卓越"的新时代北斗精神，建立中国道路自信、制度自信。
　　2. 通过我国测绘领域的院士、大国工匠事迹学习，领会爱国、求实、奉献、创新的科学家精神，并以此来指导今后的学习和工作。
　　3. 积极学习智慧城市、智慧水利等相关行业新技术，为 GIS 技术的行业应用奠定基础。
　　4. 强化测绘地理信息行业人员的责任意识和使命担当精神，树立自然资源管理和社会经济建设的服务意识和无私奉献精神。

任务 1　认识 3S 集成技术及应用

【问题导入】

　　问题：电子地图导航与路径规划、国土资源调查与管理、城市规划设计，都离不开 GIS、GNSS、RS 三种技术的集成应用。那么，三种技术如何集成？各自发挥怎样的作用？典型的集成应用有哪些？

一、3S 集成技术基础知识

1. 3S 集成技术的概念

　　3S 集成技术是将全球导航卫星系统（GNSS）、遥感（RS）技术和地理信息系统（GIS）技术有机地组合，对空间信息进行采集、处理、管理、分析、表达、传播和应用的现代信息技术。

"3S" 集成技术概念（微课视频）

　　（1）全球导航卫星系统（GNSS）　全球导航卫星系统根据高速运动的卫星瞬间位置作为已知起算数据，采用空间后方交会的方法，确定待定点的位置。与传统定位技术相比，观测时间短，操作方便，能实时定位，定位精度高，能够提供全球统一的三维地心坐标，实现全球、全天候作业。

　　中国北斗卫星导航系统（BeiDou Navigation Satellite System，简称 BDS）是我国自行研制的全球导航卫星系统，也是继 GPS、GLONASS 之后的第三个成熟的卫星导航系统。

　　北斗卫星导航系统由空间段、地面段和用户段三部分组成，可在全球范围内全天候、全天时为各类用户提供高精度、高可靠定位、导航、授时服务，并且具备短报文通信能力，已经初步具备区域导航、定位和授时能力，定位精度为分米、厘米级别，测速精度 0.2m/s，授时精度 10ns。

　　北斗卫星导航系统提供服务以来，已在交通运输、农林渔业、水文监测、气象测报、通信系统、电力调度、救灾减灾、公共安全等领域得到广泛应用，融入国家核心基础设施，产生了显著的经济效益和社会效益。下面以交通运输、农林渔业为例，简要说明北斗卫星导航系统的应用。

　　1）交通运输方面，北斗卫星导航系统广泛应用于重点运输过程监控、公路基础设施安全监控、港口高精度实时定位调度监控等领域。2022 年度，超 790 万辆道路营运车辆、超 4 万多辆邮政快递干线车辆、超 4.7 万艘船舶、超 1.3 万座水上辅助导航设备、近 500 架通用飞行器应用北斗卫星导航系统，全面提升交通信息化水平，显著降低重大交通事故发生率。

　　2）农林渔业方面，截至 2022 年，基于北斗卫星导航系统的农机自动驾驶系统超过 10 万台，北斗林业综合应用服务平台管理超 10 万台终端，北斗智慧放牧定位项圈超 2 万套，安装北斗船载终端的渔船超 10 万条，极大提高作业管理效率，提升农林渔业安全管理水平。

【素养提示：弘扬"自主创新、开放融合、万众一心、追求卓越"的新时代北斗精神】

从 20 世纪 80 年代提出设想，到 1994 年北斗一号建设正式启动，再到 2020 年北斗三号系统启动，全球组网，几代北斗人经过几十年的实践探索，实施"三步走"的发展战略，走出了从无到有、从有到优、从区域到全球的发展历程，凝结着一代代航天人接续奋斗的心血，饱含着中华民族自强不息的豪情壮志，闪耀着自主创新、开放融合、万众一心、追求卓越的新时代北斗精神。

（2）遥感（RS）　遥感是利用了地物的电磁波特性，即一切物体，由于其种类及环境条件不同，因而具有反射或辐射不同波长电磁波的特性。遥感技术的工作原理是，通过探测仪器接收来自目标地物的电磁波信息，经过对信息的处理，从而判读和分析地表的目标及现象。利用遥感技术可以更加迅速、客观地监测环境信息（图 6-1a），同时，由于遥感数据的空间分布特性，可以作为地理信息系统的一个重要的数据源。例如，在土地资源调查中，遥感技术可用于实时更新土地利用空间数据库，如图 6-1b 所示。

a) 遥感影像监测环境信息　　　　b) 实时更新土地利用空间数据库

图 6-1　遥感影像

【素养提示：学习刘先林院士事迹——一生只做一件事，测绘装备中国造】

刘先林，中国工程院院士、摄影测量与遥感专家。刘先林一直致力于航空摄影测量理论与航测仪器的研究工作，他取得了一系列重大科研成果，多项成果填补国内空白，结束了我国先进测绘仪器全部依赖进口的历史。他通过仪器研制有力地推动了整个行业的发展，大大加快了我国测绘从传统技术体系向数字化测绘技术体系的转变。

（3）地理信息系统（GIS）　地理信息系统是采集、处理、管理、分析、显示与应用地理信息的计算机系统。

如图 6-2 所示，三者的集成是以地理信息管理为核心，RS 实时或准实时地获取目标及其环境的语义或语义信息，发现地球表面上的各种变化；GNSS 实时、快速地提供目标的空间位置；GIS 则对多源时空数据进行综合处理、集成管理、动态存取，形成新的集成系统基础平台。三种技术集成，在国土资源管理、城市规划、地震灾害等领域有着广泛的应用。

2. 3S 集成模式

从集成形式上看，包括两要素集成方式（RS+GIS，GNSS+GIS，GNSS+RS）和三要素集成方式（RS+GNSS+GIS）。从集成的紧密程度上讲包括三个层次：数据层次的集成、平台层

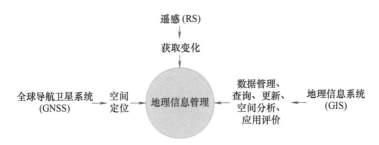

图 6-2　GNSS、RS、GIS 在 3S 集成技术中的作用

次的集成和功能层次的集成。数据层次的集成是通过数据的传递来建立子系统之间的联系；平台层次的集成是在一个统一的平台中分模块实现两个以上子系统的功能，各模块共用同一用户界面和同一数据库，但彼此保持相对的独立性；功能层次的集成是一种面向任务的集成方式，要求平台统一、数据库统一、界面统一，但它不再保持子系统之间的相对独立性，而是面向应用设计菜单、划分模块，往往在同一模块中包括了属于不同子系统的功能实现。

从集成的同步性即系统处理数据的时效性与现势性上看，数据获取与数据处理的时间差，包括完全同步、准同步和非同步三种方式。在大多数情况下，非同步方式都能满足应用要求，且成本远低于同步和准同步方式，因此非同步方式是一种恰当的选择。

1) RS 与 GIS 集成的基本出发点是 RS 可为 GIS 的数据更新提供稳定、可靠的数据源，而 GIS 可以为 RS 影像提供区域背景信息，从而提高其解译精度。RS 与 GIS 可以在数据、平台和功能三者之中的任一层次上进行集成，其目标是非实时数据处理，因此通常采用非同步方式。

2) GNSS 和 GIS 集成是利用 GIS 中的电子地图结合 GNSS 的实时定位技术，为用户提供一种组合空间信息服务方式，通常采用实时集成方式，例如汽车导航。

3) RS 和 GNSS 集成的主要目的是利用 GNSS 的精确定位功能解决 RS 定位困难的问题，既可以采用同步集成方式，也可以采用非同步集成方式。

4) "3S" 整体集成包括以 GIS 为中心的集成方式和以 RS 与 GNSS 为中心的集成方式。以 GIS 为中心的集成方式的目的主要是非同步数据处理，通过以 GIS 作为集成系统的中心平台，对包括 RS 和 GNSS 在内的多种空间数据源进行综合处理、动态存储和集成管理。以 RS 和 GNSS 为中心的集成方式是以同步数据处理为目的，通过 RS 和 GNSS 提供的实时动态空间信息结合 GIS 的数据库和分析功能，为动态管理、实时决策提供在线空间信息支持服务。

二、GIS 与 RS 集成技术应用

GIS 与 RS 的集成，既能保证 GIS 具有高效和稳定的信息源，又可以对遥感信息进行实时处理、科学管理和综合分析，实现监测、预测和决策的目的。

GIS 与 RS 集成应用
（微课视频）

GIS 与 RS 结合应用的主要技术方法有：

1) 遥感图像纠正。在地理信息系统支持下，利用控制点进行遥感影像的几何纠正，以改正原始影像的几何变形，产生一幅符合某种地图投影或图形表达要求的新图像。

2）建立数字高程模型。由遥感立体像对直接生成数字高程模型，免去了地形等高线数字化的繁重工作，同时也避免了地面高程插值造成的误差。

3）复合显示。遥感与地理信息系统叠加复合显示，可以帮助用户快速、准确地选择训练样区，或直接进行分类结果的屏幕编辑。

4）专题信息提取。在地理信息系统支持下，由遥感影像自动提取专题信息，更新地理信息系统数据库。

5）地理信息系统对遥感影像处理。调用地理信息系统图像操作功能处理遥感影像，包括数字变换、统计量算等。

6）遥感与地理信息系统集成技术系统。融遥感处理与地理信息系统功能为一体的集成系统。

三、GIS 与 GNSS 集成技术应用

在 GIS 与 GNSS 的集成应用中，GNSS 的主要功能是为地理信息系统提供高精度的空间数据，实现空间实体的定位和地理信息系统数据更新。

GNSS 在为地理信息系统进行空间数据采集时主要有以下两种方式：

GIS 与 GNSS 集成
应用
（微课视频）

1. 移动设备的定位与导航式

在用户设备（例如手机）上安装 GNSS 接收机和地理信息系统应用软件，把接收机天线接收的定位数字信号直接输入地理信息系统，由地理信息系统对接收机定位信息进行处理，与电子地图匹配，这样即可实时显示接收机天线位置。这种情况在 GNSS 接收机独立运作时可采用，定位精度要求不高。

2. 系统集中监控式

当定位精度要求高，移动区域广，需要在地理信息系统中集中显示流动目标的运行状况时，通常采用系统集中监控式。这种集成应用方式往往由多台控制中心、基站和移动站组成。其中，控制中心由大屏幕计算机、无线电台、通信适配器、电源和天线系统组成，并配备地理信息系统。基站由电台、通信适配器、电源和天线系统组成。移动站由电台、天线、通信适配器和 GNSS 接收机组成。

系统集中监控式集成的工作流程是，各移动站通过电台将位置信号发送给基站，基站接收信号后无线发送给控制中心，中心把收到的定位信号通过处理并与地理信息系统的电子地图相匹配，显示该接收机位置。其中，基站是作为中继站，视活动覆盖区大小及电台发送信号功率大小，可多可少，当接收机上电台功率大或活动范围不大时，可不要基站。监控中心在了解移动站的运动后还可通过电台发出移动站动作指令，指挥移动站的运行。

四、3S 集成技术在全国国土调查中的应用

第三次全国国土调查（简称"三调"），其目的是全面细化和完善全国土地利用基础数据，国家直接掌握翔实准确的全国土地利用现状和土地资源变化情况，进一步完善土地调查、监测和统计制度，实现成果信息化管理与共享，满足生态文明建设、空间规划编制、供给侧结构性改革、宏观调控、自然资源管理体制改革和统一确权登记、国土空间用途管制等各项工作的需要。

"3S"集成技术在
第三次全国国土
调查中的应用
（微课视频）

三调的主要任务可以总结为：三项调查、一项建设、一项机制。三项调查是指土地利用现状调查、土地权属调查、专项用地调查评价；一项建设是指互联共享的数据库建设；一项机制是指健全监测与快速更新机制。其中，数据库建设是指建立国家、省、市、县四级土地调查及专项数据库，建立各级土地调查数据及专项调查数据分析与共享服务平台。

三调的技术路线（图 6-3）是，采用高分辨率的航天航空遥感影像，充分利用现有土地调查、地籍调查、集体土地所有权登记等工作的基础资料及调查成果，采取国家整体控制和地方细化调查相结合的方法，利用影像内业比对提取和 3S 一体化外业调查等技术，准确查清全国城乡每一块土地的利用类型、面积、权属和分布情况，采用"互联网+"技术核实调查数据真实性，充分运用大数据、云计算和互联网等新技术，建立土地调查数据库。经县、市、省、国家四级逐级完成质量检查合格后，统一建立国家级土地调查数据库及各类专项数据库。

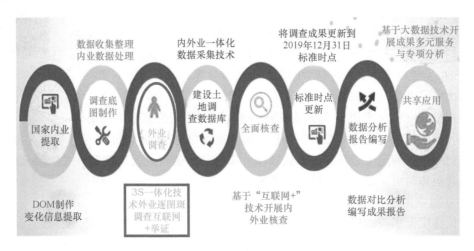

图 6-3　三调的技术路线

这里，我们重点介绍 3S 一体化外业调查技术。

三调总体要求为，农村土地利用现状调查部分要采用优于 1m 分辨率的遥感影像资料，城镇内部土地利用现状调查要采用优于 0.2m 的航空遥感影像资料。

其中，城镇土地利用现状调查采用无人机进行航空测量，要求精度优于 0.2m。无人机航拍具有机动灵活性、响应快、时效性强等特点，所获取的影像数据空间分辨率高，能精确获取城镇土地利用变化情况，并以城镇内部土地利用调查底图为基础，按照工作分类，参照城镇规划功能分区，结合影像特征，综合判断土地利用类型。

GNSS 控制测量为卫星遥感影像及无人机航拍影像提供像控点，对遥感影像及航拍数字正射影像图（DOM）数据成果进行检核，后期 DOM 纠正采用有控纠正方式，为 DOM 制作提供高精度控制资料参考；利用连续运行参考站（CORS）系统，现场核实监测图斑的范围，取证测量坐标，测量硬化地面面积、建筑物高度，弥补了卫星遥感及航拍影像精度较低的不足。

在调查过程中，调查人员使用带卫星定位功能和方向传感器的手机，利用移动端互联网+GIS 软件，根据图斑显示位置对图斑信息进行采集，拍摄包含图斑实地 GNSS 坐标、拍摄方位角、拍摄时间、实地照片及举证说明等综合信息的加密举证数据包，并上传至 Web 端，审核人通过 Web 对外业调查信息进行审核。

全面细化的第三次土地调查离不开精准化的调查手段，3S 集成技术精准、高效、快捷的数据采集、处理能力以及强大的空间分析管理能力，为三调的精准化调查和建库提供了技术保障。

 【巩固拓展】

1. 简述 3S 集成技术中 GIS、GNSS、RS 各自的功能和发挥的作用。
2. 简述 3S 集成技术在全国土地调查中的应用。
3. 查阅资料，举例说明北斗卫星导航系统与 GIS 结合应用案例。
4. 查阅资料，简述 3S 技术发展，列举 3S 领域科技名人及主要贡献。

任务 2　学习 GIS 在智慧城市中的应用

 【问题导入】

　　问题：随着信息技术的不断发展，城市信息化应用水平不断提升，智慧城市建设应运而生。建设智慧城市在实现城市可持续发展、引领信息技术应用、提升城市综合竞争力等方面具有重要意义。那么，GIS 作为一种空间信息技术，在智慧城市中发挥哪些作用？

6.2.1　GIS 在智慧城市中的应用

一、智慧城市

智慧城市是通过互联网把无处不在的、被植入城市物体的智能化传感器连接起来形成的物联网，实现对物理城市的全面感知，利用云计算等技术对感知信息进行智能处理和分析，实现网上"数字城市"与物联网的融合，并发出指令，对包括政务、民生、环境、公共安全、城市服务、工商活动等在内的各种需求做出智能化响应和智能化决策支持。

1. 智慧城市的特征

1）透彻感知。无处不在的智能传感器，对物理城市实现全面、综合的感知和对城市运行的核心系统实时感测，实时智能地获取物理城市的各种信息。

2）全面互联。通过物联网将无所不在的智能传感器连接起来，通过互联网实现感知数据的智能传输和存储。

3）深度整合。充分利用现有系统实现信息资源整合、设备资源整合、业务系统整合，打造完善、高效的数据流，并以此促进业务流程改造和转型，提升综合服务和决策能力。

4）资源共享。以信息资源为核心，从技术层面和管理体制方面着手推进智慧城市信息共享，打破信息孤岛，建立科学合理的管理制度和标准体系。

5）协同运作。建设成为面向对象的服务聚合。

6）智能服务。在城市智慧信息设施基础上，利用云计算服务模式，充分利用和调动现有一切信息资源，通过构架一个新型的服务模式或一种新的能提供服务的系统结构，对海量感知数据进行并行处理、数据挖掘与知识发现，为人们提供各种不同层次、不同要求的低成本、高效率的智能化服务。

7）激励创新。鼓励政府、企业和个人在智慧信息基础设施上进行科技和业务的创新应用，寻求新的经济增长点，为城市经济社会发展提供源源不断的动力。

2. 智慧城市的建设意义

（1）加快城市现代化治理体系和治理能力建设的需要 发展智慧城市有助于将城市健康发展所需要的"集约化、环保性、生态性、低碳化"等先进发展理念融合到城镇化建设中，应用现代科技和制度创新来破解城市发展中的各种难题。

智慧城市系统可以为政府部门提供有效的政务支持服务，能够提供有效决策支持，有助于政府政务公开，通过政府网站等途径及时主动准确公布各项公共决策和事务信息。在民生上智慧城市可以打造城市发展所需要的各种智慧系统，为不同应用提供有效场景支持，提高决策的科学性和有效性。智慧城市建设能够将城市治理所需要的各种信息进行共享，让政府和治理机构能够及时了解城市社会发展现状，通过大数据分析和决策科学等先进技术和创新制度，积极提升城市的管理和治理能力建设，促进城市的健康和谐发展。智慧城市建设能够促进城市的知识和能力的应用和启发，提升城市组织和管理能力，引导公民的道德秩序，促进公民参与城市管理。

（2）推进城市经济结构转型，促进智慧经济产业发展的需要 经济是城市发展的核心要素之一，智慧城市所产生的数据对经济的推动作用显而易见。建设智慧城市可以带动以IT为核心的新兴产业发展，扩大就业水平，积极抢占科技制高点，利用智慧产业改造传统产业，将优化产业升级作为应对经济发展问题的解决手段之一。智慧城市建设以经济动能转换为契机，积极推动城市自主创新能力的建设，将资源驱动型经济转向创新驱动型经济，利用信息化建设积极推动社会消费转型，加强智慧应用建设，强化政府与企业、社会公众之间的信息交流和信息共享，推动信息产业的发展。对企业来说利用新技术管理手段能够提升运营管理能力，降低企业运营成本，挖掘资源潜力，增强企业竞争力。

（3）推进城乡一体化建设，提高居民生活水平和幸福指数的需要 信息化和智慧化是城市发展历史产物，城镇化是信息化的主要载体和依托。建设智慧城市可以更好地应对城市化进程中城市规模的增长，利用智慧城市建设可以更好地协调各地城乡规划和一体化发展，通过技术手段、规划手段和体制建设手段，调整城乡经济和社会发展方向。智慧城市建设和应用，可以从生态环境、社会保障、医疗教育、社会综合服务等角度审视、规划和管理城乡社会资源，防范和化解多种社会矛盾。城镇化建设可以推动城乡产业结构调整，促进资源优化配置，扩大乡村就业，带动农民收入增长，加快农业产业化，推动"绿色农业""智慧农业"的发展，建立与需求相适应的经济发展模式。城乡协调发展有助于加快城市绿色和集约型经济的增长，破除城市二元制结构，全面推进城乡经济和社会发展的一致性，实现经济和环境可持续发展。

（4）增强城市科技发展水平，提高城市竞争力的需要 智慧城市的建设和发展，带动了信息化技术突飞猛进，物联网和移动技术的推进，使城市空间和地理信息得到全方位采集，智慧城市的发展伴随着信息技术不断进步。智慧城市能够构建真实城市沉浸式交互分析环境，通过对关联数据的分析和提权，将复杂的城市大数据和分析结果以形象和直观的方式展现给公众，实现人工智能与城市现实有机融合，从而解决复杂的城市问题。

二、面向智慧城市的 GIS 框架

郭仁忠院士在《面向智慧城市的 GIS 框架》一文中指出，随着信息与通信技术（Information and Communications Technology，简称 ICT）的快速发展，人类社会从二元空间进入到三元空间。第一元空间指"物理空间"，即人类赖以生存的自然环境和所含的物质系统；第二元空间指"社会空间"，即人类行为与社会活动的总和；第三元空间指"信息空间"，其构建于物理空间和社会空间之上，即计算机、互联网及其数据信息。

GIS 利用计算机对物理空间的实体进行抽象，通过数字投影以数字方式将物理空间映射到信息空间。经过几十年的发展，面向人类社会的不同业务需求，逐步衍生出多种子系统，如资源信息系统、环境信息系统、土地信息系统、地籍信息系统等。纵观各种子系统，可以发现 GIS 是在计算机软硬件支持下，对空间实体的位置信息及相关属性数据进行采集、存储、管理，并通过对数据的检索与分析，辅助人们实现社会空间的各种业务，即在物理空间到信息空间映射的基础上，实现社会空间到信息空间的映射。因此，GIS 可以用来建立城市三元空间的关联，这也将会是智慧城市建设的基础。

智慧城市是三元空间条件下的城市智慧化转型，其建设的基本工程逻辑如图 6-4 所示。首先，通过建立城市物理空间和社会空间到信息空间的映射，将城市基础时空信息和城市管理对象等要素进行采集，转换为可供计算机存储、处理、分析与应用的数据。然后，在信息空间中通过信息融合对城市物理空间和社会空间进行建模与表达，进而发现问题、分析问题和提出解决问题的方案。最后，在信息空间中通过智慧城市操作系统提供各类智慧应用，回馈物理空间和社会空间，优化城市系统，解决城市问题。

图 6-4　智慧城市建设基本工程逻辑

面向智慧城市的 GIS 是将城市三元空间有机结合的智慧城市操作系统，其基于上述智慧城市建设基本工程逻辑，将城市物理空间和社会空间映射到信息空间，并在信息空间中将城市多源数据集成融合和高效处理，建立城市统一数据平台。在城市统一数据平台的基础上，通过可视化技术、空间智能技术和开放式开发框架，为城市运营管理的各项业务提供应用开发环境。面向智慧城市的 GIS 可以实现城市信息的实时获取、高效处理和快速响应，促进城市信息大范围、全方位、深层次的智能化应用，满足发现问题、分析问题和解决问题的需求，实现城市的智慧化运营。简而言之，面向智慧城市的 GIS 的内涵是向下屏蔽复杂异构数据，向上赋能开放多元应用。

面向智慧城市的 GIS 框架如图 6-5 所示。首先，依托城市泛在立体感知网络，对城市物理空间的实体和社会空间的人类活动进行动态实时感知和监测，获取城市现实空间的实时数据。其次，通过统一数据平台将复杂异构的城市时空大数据进行融合；通过可视化技术将城市不同尺度的实体在信息空间中进行数字孪生重建；通过空间智能技术对城市运营进行实时监测、分析、模拟、决策、设计和控制；通过开放式开发框架提供面向城市各项业务的二次开发环境，避免不同业务之间共性化操作的重复性开发工作，并保证数据的统一维护。最后，通过面向不同业务的应用，依托城市物联网络，实现对城市运营的自动化高效控制，提升城市的运营效率。

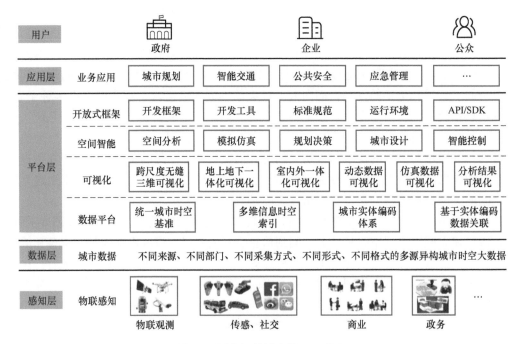

图 6-5　面向智慧城市的 GIS 框架

三、智慧城市的发展与应用

纵观智慧城市的发展，2008 年底，智慧城市概念诞生；2009 年开始，我国智慧城市的建设和发展正式拉开了帷幕；2013 年，住房和城乡建设部公布首批国家智慧城市试点；截至 2020 年，全国智慧城市试点数量接近 800。

通过多年的建设，智慧城市在公共服务、交通、物流、医疗、教育等方面涌现出大量优秀案例。这里仅从交通、物流、医疗三个方面列举智慧城市的应用情况。

1. 交通

1）在智能交通信息技术、交通大数据、先进交通管理等的支持下，实现道路的零堵塞、零伤亡和极限同行能力。

2）利用车辆轨迹和交通监控数据，为政府改善交通状况，为乘客提供交通信息，为司机提高行车效益提供帮助。

3）根据用户历史数据，为司机和乘客设计一种双向最优出租车招车、候车服务模型。

4）基于出租车 GNSS 轨迹数据，并结合天气及个人驾驶习惯、技能和对道路的熟悉程度等，设计针对个人的最优导航算法，可平均为每 30min 的行车路线节约 5min 的时间。

5）利用车联网技术和用户车辆惯性传感器数据，汇集司机急刹、急转等驾驶行为数据，预测司机的移动行为，为司机提供主动安全预警服务。

2. 物流

1）对物流车辆进行远程监控和指挥调度：根据显示在电子地图上的 GNSS 记录的物流车辆位置轨迹数据，分析和掌控物流车辆（队）行驶状况；根据显示在电子地图上的相应感知设备记录的车上物资的温度、湿度、压力等监控数据，分析和掌控物流物资的安全状况。

2）对油气管道物流状况的监控：根据管道安全巡线员利用 PDA 和 GNSS 巡线获得的数据，进行分析并发出应对指令；根据管道上各类感知设备记录的温度、湿度、压力等数据，进行分析并采取相应措施。

3）物流安全事故预防和事故处理：监控中心根据物流大数据进行实时分析，发现可能存在的隐患，并提出预防措施；对已发事故，利用监控中心的物流信息系统平台研究处理方案，调集和组织力量赶赴事发现场抢救。

3. 医疗

1）流感传播预测：美国罗彻斯特大学的研究人员利用全球定位系统数据，分析纽约 63 万多微博用户的 440 万条微博数据，绘制身体不适用户位置"热点"地图，显示流感在纽约的传播情况，指出最早可在个人出现流感症状之前 8 天做出预测，准确率达 90%。

2）个人保健：通过安装在人身上的各类传感器，对人的健康指数（体温、血压、心电图、血氧等）进行监测，并实时传递至医疗保健中心，如有异常，保健中心会通过手机提醒你去医院检查身体。

3）远程医疗：通过国家卫生信息网络，利用医疗资源共享、检查结果互认数据以及急重病人异地送诊过程中的实时监控数据，在线会诊分析、治疗和途中急救等。

【素养提示：关注智慧城市发展，积极学习新技术，更好地服务城市建设】

GIS 将成为智慧城市的操作系统，管理城市空间数据，通过分析解决空间问题。为此，作为 GIS 技术应用人员，应积极学习智慧城市等行业新发展、新技术，了解行业需求，为 GIS 服务城市发展奠定基础。

6.2.2　技能操作：医院选址分析

一、任务布置

合理的医院空间位置布局，既方便居民就医，又能实现资源优化配置，因此在建设医院时，选址是首先要考虑的问题。医院选址需要考虑交通便利情况、服务范围、与现有医院的距离间隔等因素，从总体上把握这些因素才能确定出适宜性比较好的医院位置。本次技能操作任务是基于网络分析进行医院选址分析，即根据已有医院和备选医院数据，对备选医院进行位置分析，从而确定医院合理的位置。

二、操作示范

1. 操作要点

1）加载道路网络数据和医院分布数据。

2）选址分区。在"交通分析"选项卡、"路网分析"组中选择"选址分区"。在"实例管理"窗口添加中心点。

3）调整中心点的类型。

4）确定选址分区的计算模式。

5）执行选址分析。

6）确定医院合适的位置。

2. 注意事项

1）基于网络分析的选址分析需要路网数据、已有医院数据等信息，因此，在执行选址分析前需要准备路网数据、已有医院数据等。

2）合理地设置选址分析参数，才能得到理想的分析结果。

医院选址分析
（操作视频）

三、任务实施

1）扫描二维码并下载数据。

2）在软件中加载数据。

3）按照添加中心点、调整中心点类型、确定选址分区的计算模式、执行分析的流程，完成选址分析。

医院选址分析
（实验数据）

四、任务检查

以小组为单位，小组成员互相检查任务完成情况；指导、帮助没有完成的或成果存在错误的同学完成任务、修正错误。

五、成果提交

将任务成果（数据源文件和工作空间文件）提交至指导教师处。

六、任务评价

姓名：	班级：		学号：		
评价项目	评价指标			分值	得分
任务完成情况	1. 成果为数据源文件、工作空间文件			20	
	2. 工作空间包含选址分析结果图			20	
成果质量	3. 选址分析参数设置合理			30	
	4. 完成网络分析，并保存分析结果			30	
合计				100	

【巩固拓展】

1. 简述智慧城市的概念、建设内容和建设意义。
2. 简述 GIS 技术在智慧城市中的作用。

任务 3　学习 GIS 在智慧水利中的应用

【问题导入】

　　问题：智慧水利建设是推进新阶段水利高质量发展的实施路径之一。那么，智慧水利是什么？有哪些建设内容？GIS 在智慧水利中发挥怎样的作用？

6.3.1　GIS 在智慧水利中的应用

一、智慧水利的概念

智慧水利是智慧地球的思想与技术在水利行业的应用。智慧水利是运用物联网、云计算、大数据、人工智能等新一代信息通信技术，促进水利规划、工程建设、运行管理和社会服务的智慧化，提升水资源的利用效率和水旱灾害的防御能力，改善水环境和水生态，保障国家水安全和经济社会的可持续发展。

智慧水利的内涵主要有三个方面：

1）新信息通信技术的应用，即信息传感及物联网、移动互联网、云计算、大数据、人工智能等技术的应用。

2）多部门多源信息的监测与融合，包括气象、水文、农业、海洋、市政等多部门，天上、空中、地面、地下等全要素监测信息的融合应用。

3）系统集成及应用，即集信息监测分析、情景预测预报、科学调度决策与控制运用等功能于一体。

由此得出，信息是智慧水利的基础；知识是智慧水利的核心；能力提升是智慧水利的目的。

2022 年 1 月，水利部印发《关于大力推进智慧水利建设的指导意见》（以下简称《指导意见》）。《指导意见》提出了推进智慧水利建设的主要任务：一是建设数字孪生流域，包括建设数字孪生平台、完善信息基础设施；二是构建"2+N"水利智能业务应用体系，包括建设流域防洪应用、建设水资源管理与调配应用、建设 N 项业务应用。三是强化水利网络安全体系，包括水利网络安全管理、水利网络安全防护、水利网络安全监督。

智慧水利时代，水利基础大平台、大数据、应用大系统需要 GIS 技术作为支撑进行平台建设，实现空间数据的采集、处理、管理，并通过空间分析功能，实现水资源管理信息化、水利工程设施监管智能化，为防洪减灾提供决策支持。

二、面向智慧水利的 GIS 框架

如图 6-6 所示为一智慧水利案例的总体建设框架，包含以下几个部分：

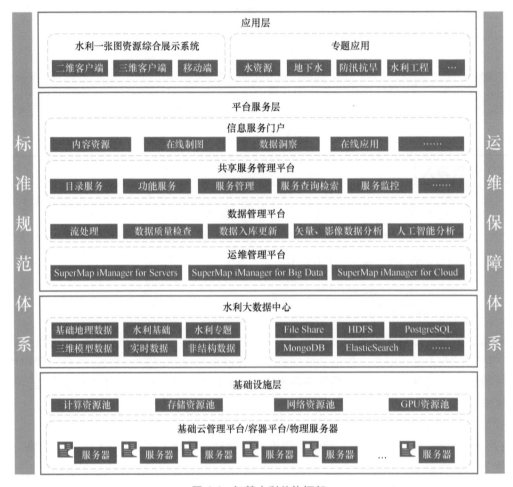

图 6-6　智慧水利总体框架

1. 标准规范体系

遵循行业相关标准规范的前提下，建立了水利行业统一的数据标准、服务标准和数据表达标准，如图 6-7 所示，为水利数据整合、服务共享与可视化展示提供了有力支撑。

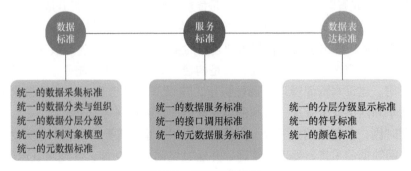

图 6-7　标准规范体系

2. 水利大数据中心

基于对基础地理信息数据、水利基础数据、水利业务数据以及部门共享数据的整合与建库，构建水利大数据中心，实现水利数据处理集成与可视化配置、空间数据与业务数据的一体化集成、水利数据与外部数据的集成等，如图 6-8 所示。

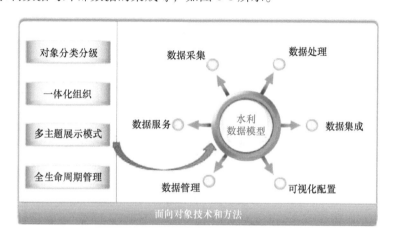

图 6-8　水利大数据中心

3. 共享服务云平台

共享服务云平台，如图 6-9 所示，是构建"一张图"共享服务体系的技术平台，是实现水利空间信息服务共享应用的技术支撑，能够提供功能强大的数据管理、共享服务管理、运维管理和信息服务门户等服务，以及丰富的移动端、Web 端、桌面端功能和接口，助力智慧水利（水利一张图）打造强云富端、安全稳定、灵活可靠的服务共享体系。

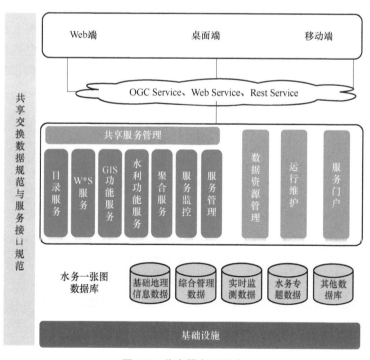

图 6-9　共享服务云平台

4. 水利一张图应用系统

基于多种可视化终端实现数据服务和功能服务的集成展示，实现空间数据与属性数据的一体化展示、二维数据和三维数据一体化展示与应用、数据综合查询和统计分析应用以及面向不同专业的专题分析应用，并支撑基于服务的调用与扩张开发，使得一张图成为重要应用入口，如图 6-10 所示。

图 6-10　水利一张图应用系统

5. 业务专题应用系统

聚焦防汛抗旱、水资源、水利工程、地下水、三维流域、河湖管理等水利业务应用，如图 6-11 所示，重点实现资源整合和业务优化，消除现有的应用壁垒和信息孤岛，加强业务应用系统的横向联动和复用共享，提升业务专题应用效率和对实际业务管理需求的支持能力。

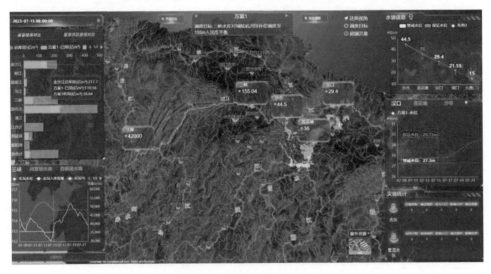

图 6-11　业务专题应用系统

6.3.2　技能操作：洪水淹没分析

一、任务布置

淹没分析是指根据指定的最大、最小高程值及淹没速度，动态模拟某区域水位由最小高程涨到最大高程的淹没过程。淹没分析可以确定洪水淹没的范围、水深以及洪水在地理空间上的演进过程。本次技能操作任务是利用 GIS 软件进行淹没分析。

二、操作示范

1. 操作要点

（1）适用于栅格地形的淹没分析

1）打开工作空间（实验数据中名称为"sgns"的工作空间）。打开三维场景，显示区域栅格地形。

2）在"三维分析"选项卡、"空间分析"组中选择"淹没分析"，将光标放置在地图窗口，绘制淹没分析范围（按鼠标左键开始绘制多边形，按鼠标右键结束绘制），软件将自动模拟区域淹没过程。在"三维空间分析"对话框中可以进行参数设置、播放设置等操作。

（2）适用于 TIN 地形数据的淹没分析　将数据集添加到球面场景中。在图层管理器中右击"地形图层"，打开右键菜单，选择"添加地形缓存"，将地形缓存数据添加到地图中。在该图层的属性窗口中进行淹没分析。

（3）适用于倾斜摄影模型的淹没分析　新建球面场景。在图层管理器中右击"普通图层"，打开右键菜单，选择"添加三维切片缓存图层"，添加三维切片缓存图层，并缩放至本图层。在该图层"属性"窗口中进行淹没分析。

2. 注意事项

数据源不同，淹没分析方法有所区别，因此在实际操作中，应结合数据源采用相应的方法实现淹没分析。

【素养提示：服务洪涝灾害应急指挥，保护人民生命财产安全】

GIS 技术在智慧水利建设中发挥水利数据采集、处理、管理、分析、可视化的作用，还可以模拟洪水淹没进程，为防洪减灾、应急指挥提供数据支撑，保护人民生命财产安全。

三、任务实施

1）扫描二维码并下载数据。

2）打开数据源。

3）实施基于 DEM 的淹没分析。

4）实施基于 TIN 的淹没分析。

5）实施基于倾斜摄影模型的淹没分析。

淹没分析
（实验数据）

四、任务检查

以小组为单位，小组成员互相检查任务完成情况；指导、帮助没有完成的或成果存在错误的同学完成任务、修正错误。

五、成果提交

将任务成果（数据源文件和工作空间文件）提交至指导教师处。

六、任务评价

姓名：	班级：		学号：		
评价项目	评价指标			分值	得分
任务完成情况	1. 成果为数据源文件、工作空间文件			20	
	2. 工作空间中包含三维场景			20	
成果质量	3. 根据规则格网 DEM，在三维场景下正确绘制淹没范围、设置淹没分析参数，进行淹没分析			20	
	4. 根据 TIN 数据，在三维场景下设置淹没分析参数，进行淹没分析			20	
	5. 基于倾斜摄影模型，在三维场景下正确绘制淹没范围、设置淹没分析参数，进行淹没分析			20	
	合计			100	

【巩固拓展】

1. 简述智慧水利的概念。
2. 简述 GIS 在智慧水利中的应用。

【项目总结】

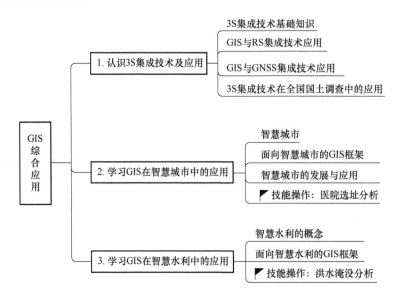

【项目评价】

1. 知识评价

扫描二维码，完成理论测试。

2. 技能评价

本项目中各实训任务评价结果按照一定的比例（各指导教师可自行拟定）计算出本项目技能评价成绩。

3. 素质评价

项目 6 知识评价

评价内容	评价标准
制度自信、道路自信意识	熟悉 3S 技术，尤其是我国北斗卫星导航系统的建设与发展历程，学习"自主创新、开放融合、万众一心、追求卓越"的北斗精神，建立制度自信、道路自信
艰苦奋斗、无私奉献精神	学习"两弹一星"元勋孙家栋院士事迹，培养创新精神、求实精神、奉献精神、协同精神
积极学习新技术	积极学习智慧城市、智慧水利等新技术，为更好地进行测绘地理信息服务打下基础

【大赛直通车】

GIS 大赛之论文组

1. 题目

基于 SuperMap 相关产品进行学术研究、技术应用所撰写的论文，论文内容包括但不局限于：SuperMap GIS 应用案例、行业解决方案；SuperMap GIS 软件应用开发技巧和心得；SuperMap 二维、三维一体化技术；GIS 技术发展现状及发展趋势研究；大数据、人工智能等新兴技术在 GIS 基础软件中的应用。

2. 内容要求

1）论文选题要求具有合理性、科学性、实用性和创新性，写作规范。学术论文要求论点明确、论据充分、论证可靠、文字简练、逻辑严密。

2）论文范围为基于 SuperMap 技术在相关领域的基础理论、科学研究、应用技术等方面撰写的优秀学术论文，还包括根据本届大赛其他组别作品而撰写的论文。

3）论文应有题目、作者姓名、作者单位、邮编、中英文摘要、关键词、正文和参考文献，并按照所列顺序依次书写，基金资助项目附基金名称和项目编号。论文字数应在 6000~10000 字。

4）参赛学习者应为论文的第一作者。

3. 评分标准

1）选题重要性：选题在 GIS 领域或行业领域的技术前沿性、学术意义以及实用价值。

2）科学性和创新性：论文的取得的成果或进展是否具有科学性、独特性或不可替代性，在解决科学或技术问题上是否有实质性的突破或进展。

3）难度：考查论文内容在研究领域涉及新、深、广的难度，待分析材料的丰富和分量厚重性。

4）写作质量及规范：建议论文结构完整，用词准确，条理清晰，论述严谨，写作规范；论文内容翔实，图片、表格、数据准确可靠；灵活运用各种方法进行综合研究；能出色完成摘要翻译，专业词汇翻译准确、无病句；参考文献引用规范。

4. 提交要求

参赛作品提交的资料要求严格按照大赛组委会规定的文件夹的层级、名称以及文件命名要求。

5. 其他

大赛详细赛制规则，请访问 https://www.supermap.com/zh-cn/a/news/list_9_1.html。

GIS 大赛之开发组

1. 题目

使用 SuperMap GIS 系列软件设计并开发 GIS 应用系统，结合当前主流 IT 技术，充分体现 GIS 在各个领域的应用价值。结合实际生活中的业务需求，自由选题，内容不限，综合考查参赛选手的系统设计能力、软件开发能力、应用创新能力以及分析处理问题的能力。

2. 评分标准

1）系统设计：从选题、价值以及技术先进性考察作品，建议系统设计体现 GIS 技术核心作用，能够解决实际的行业需求，具有可推广价值，设计方案先进，体现主流 IT 技术和 GIS 技术，功能设计丰富齐全。

2）系统实现：从系统架构、功能实现、数据制作方面考察，建议系统架构设计良好，代码结构清晰，书写遵循编程规范，按照系统设计需求完整实现功能模块，运行流畅无错误，数据制作规范，显示美观。

3）用户体验：建议作品界面友好美观，设计合理，操作简便，符合用户使用习惯，达到地图和系统界面美观协调。

3. 提交要求

参赛作品提交的资料要求严格按照大赛组委会规定的文件夹的层级、名称以及文件命名要求。

4. 其他

大赛详细赛制规则，请访问 https://www.supermap.com/zh-cn/a/news/list_9_1.html。

附录

综合训练项目——数字校园

一、项目背景

智慧园区是数字园区与物联网的融合，为园区智能化管理提供决策支持，因此，数字园区是智慧园区的重要组成部分，也是 GIS 技术应用的典型案例。为对接生产实际、同时增强"沉浸感"，本书以学生熟悉的校园为项目训练区，将"数字校园"建设作为综合训练项目，列举项目的准备工作、任务流程、任务实施和项目成果提交等内容供学习者参考，并以所在校园数据为基础开展训练，培养 GIS 技术综合应用能力。

二、准备工作

1. 计算机硬件环境配置

本项目所使用的计算机硬件配置要求见附表 1-1。

附表 1-1　计算机硬件配置要求

硬件	配置要求
处理器	最低配置双核 2.00GHz 主频，建议酷睿 i7 或同级别处理器
内存	4G 或以上（16 位系统建议 16GB 以上）
硬盘空间	100GB 以上
图形适配器	显存 2GB 或以上
网络适配器	100M 或以上网络适配器

2. 软件环境配置

本项目所需的软件见附表 1-2。

附表 1-2　项目所需软件

软件	功能
桌面 GIS 软件：SuperMap iDesktop	空间数据采集、处理、管理、分析、可视化、制图输出
办公软件 Office 的 Word 和 Excel 或兼容办公软件	编写项目文档，处理项目所需的表格数据

3. 原始数据及来源

以所在校园遥感影像数据为基础进行校园数字化。其来源可以是从网站下载的公开数据，也可以是无人摄影测量获得的影像数据。

4. 学生分组

考虑测绘地理信息项目通常是以团队合作方式完成，在项目开始前要对班级学生进行分组，通常以 4~5 人为一个小组，在后续的工作中将以小组为单位完成。分组原则是充分调动每一位学生的积极性，有效提高其技能水平、分析问题和解决问题的能力，以及团队合作意识。

三、任务流程

考虑数字校园建设需求，本项目任务和流程为空间数据库创建、空间数据采集与处理、空间分析和电子地图制作，如附图 1-1 所示。

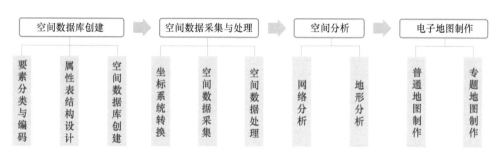

附图 1-1　任务流程图

四、任务实施

1. 空间数据库创建

（1）要素分类与编码

1）要素分类

结合项目需求和校园实际进行校园公共设施要素分类，应包括公共建筑设施、教育设施、后勤保障设施、环境设施、POI点等。在进行分类时应参照《基础地理信息要素分类与编码》（GB/T 13923—2022），同时考虑各校园具体情况，以便按要素进行空间数据采集内容的设计。校园公共建筑设施应包括建筑物、体育场、道路等；后勤保障设施包括路灯等；环境设施包括行道树、绿地、林地等；校园POI点包括校园门口、建筑物的入口、体育场入口等。

各要素几何类型的划分一般根据实际应用需求以及空间尺度来确定，例如：教学楼、体育场、绿地、林地等一般为面状要素；道路为了满足网络分析需求可以用线状要素来表示；路灯、POI点为点状要素。

各类地理要素在空间数据库中是以数据集（有时也称数据层、图层）存储的，为了方便后续数据组织和存储，要素分类结束时要形成要素分类分层表，见附表1-3。

附表 1-3　要素分类分层表

要素类	层名	几何类型	要素内容
建筑物	JZW	面	教学楼、宿舍、体育馆等
道路	DL	线	主干道、次要道路、人行道等
……	……	……	……

2）要素编码

要素编码包括分类码和识别码。分类码仍然参照《基础地理信息要素分类与编码》（GB/T 13923—2022），并结合校园实际进行设计。识别码唯一标识校园公共设施各类要素中的每个具体对象，可以由小组编号（1位）、要素类型序号（2位）、几何类型序号（1位）、索引号（4位）顺序组合而成，共8位数字。其中，要素类型序号可以按建筑物、道路、绿地、林地等以两位数01、02、03……顺序编号；几何类型分为点状、线状、面状要素，序号分别为1、2、3。例如：第一组采集的校园公共建筑设施中第一个"建筑物"面要素，其编码为10130001。

要素编码结束时要形成要素类型编码表（附表1-4）、几何类型编码表（附表1-5）等。

附表1-4　要素类型编码表

要素类型	编码
建筑物	01
道路	02
……	……

附表1-5　几何类型编码表

几何类型	编码
点	1
线	2
面	3

（2）属性表结构设计

要素分类编码结束后需要对附表1-3中的数据集（层）设计属性表结构，以确定数据采集的内容和要求。这里以"道路"为例说明属性表结构设计内容，见附表1-6。

附表1-6　道路层属性表结构

属性名称	字段名称	属性描述	数据类型	属性值域或示例
要素类型	YSLX	要素类型序号	文本（2）	02
要素编码	YSBM	要素识别码	文本（8）	10130001
路面类型	LMLX	路面铺设材料类型	字符型（6）	"沥"
道路宽度	DLKD	路面宽度（单位：米）	浮点型（5.2）	
道路铺宽	DLPK	路面铺面宽度（单位：米）	浮点型（5.2）	

按照同样的方式，为所有要素类进行属性表结构设计。

（3）空间数据库创建

在数据采集前，首先要建立数据源，用于存储项目所有的数据集，需要利用软件中的"新建文件型数据源"功能实现。数据源的命名规则根据需要制定。

2. 空间数据采集与处理

（1）坐标系统转换

数据来源可能是扫描地图、遥感影像等多种形式，存在坐标系不统一的情况，此时需要借助投影变换、地图配准等技术统一到目标坐标系。目标坐标系可以是高斯平面直角坐标系，也可以是独立坐标系，应结合各学校实际情况确定。

（2）空间数据采集

空间数据采集从采集内容上分为空间位置数据采集和属性数据采集，从工作环境上又分为外业采集和内业采集。

1）空间位置数据采集

要素空间位置数据采集应以校园遥感影像内业采集和外业现场采集相结合的方式完成。对于校园遥感影像上已有要素的采集，参考"3.2.2技能操作：进行扫描矢量化"节所讲的方法直接在影像上采集即可；对于遥感影像上没有的要素，例如路灯、新增的要素等，可以借助GNSS等设备现场采集其坐标值，然后通过"数据导入"功能导入到GIS系统中，注意坐标系统的统一。

空间数据采集的精度控制可以由指导教师结合影像实际情况确定。

2）属性数据采集

要素属性数据采集同样需要内业和外业结合完成。像道路数据集中要素类型、编码、路面类型、道路宽度、道路铺宽等属性内容，可以结合影像室内确定；而有些要素的属性内容，例如路灯的高度，需要现场测量或计算完成。

综合以上考虑，在数据采集前要进行方案设计，确定哪些内容是内业可以完成，哪些需要外业现场调查、测量或计算完成。

另外，考虑整个校园的数据采集工作量较大，指导教师应对校园划分区域，每个小组完成一个区域的采集工作。

（3）空间数据处理

1）数据编辑与图幅拼接

在采集过程中可能会存在错误，此时需要借助编辑工具进行图形或属性数据编辑。由于本项目是由多个小组分区域完成的，因此需要进行图幅拼接。图幅拼接步骤如下：

① 识别相邻图幅。由于各小组数据坐标系统一，因此，各小组的数据统一加载到一个地图窗口中就可以看到各图幅的邻接关系，不再需要人工识别。

② 逻辑一致性处理。由于数据采集中存在误差，相邻图幅的空间数据在结合处可能存在逻辑裂隙，此时需要检查相邻要素的属性是否相同，取得逻辑一致性。这里需要用到 GIS 软件中的"数据编辑"功能修正错误。

③ 删除属性相同的多边形公共边。可以利用 GIS 软件中的"数据融合"、编辑工具中"合并"功能进行处理。

2）拓扑生成

当空间数据编辑完成后，需要对道路线数据集等建立正确的拓扑关系，为后续网络分析服务。在建立拓扑关系前，首先要进行拓扑检查与错误处理，需要借助"数据集拓扑检查""线数据集拓扑处理"功能完成。

3）空间数据重构与处理

当数据来源不同而导致的数据格式不能满足需求时，需要进行数据格式的转换，这里借助 GIS 软件的"数据导入"功能即可实现。

当数据范围不一致，例如校园 DEM 数据范围大于校园矢量数据范围，此时，可以用 GIS 软件的"地图裁剪"功能，用校园范围矢量面数据裁剪校园 DEM，即可得到校园范围的 DEM 数据。

3. 空间分析

（1）网络分析

结合各数字校园项目建设需求实施网络分析。这里以"新生报到路线规划"功能为例简要介绍网络分析内容。新生面对新的校园环境经常会遇到这样一些问题：哪个校门距"报到点"最近？报到流程路线如何规划？从宿舍到食堂的路径中哪一条最短？为解决这些问题，可以通过"交通分析"选项卡、"路网分析"组中的"最佳路径""最近设施查找""旅行商分析"等功能实施网络分析。需要用到的数据集有"校园道路网络数据集"和"校园 POI 点"。

（2）地形分析

基于校园 DEM 进行坡度分析，生成校园坡度图、坡向图等地形专题图，可以为学校的规划建设提供支持，这里需要用到软件的"坡度分析""坡向分析"功能。

4. 电子地图制作

（1）校园普通地图制作

以前期建立的校园数据库为基础，选取校园基本设施要素为主要内容（例如：建筑物、道路、林地、绿地、水域等），制作校园概貌图。其流程为：加载数据到地图窗口→调整图层显示顺序→设计显示风格（符号、色彩、注记搭配）→地图数据分级显示→保存地图和工作空间。

（2）校园专题地图制作

基于校园数据库可以制作校园专题地图，例如：校园地貌图、迎新专题图等。其中，校园地貌图需要校园 DEM 数据，迎新专题图需要校园底图数据、迎新相关的 POI 点、报到路线等。制作流程同校园普通地图制作一致。如果需要输出，可以在布局中进行版面设计，添加图名、图例、比例尺、指北针等要素。

五、项目成果提交

1. 项目成果

以小组为单位整理项目成果并提交，包括数据源文件、工作空间文件，以及数据来源等。指导教师对项目成果进行检查并评定等级，作为各小组综合训练项目成绩。检查项目包括项目的完成度，成果的完整性与正确性，数据采集精度等。

2. 项目总结报告

学生对项目实施过程和结果进行总结并撰写报告，内容应包括项目概述、准备工作内容、方案设计内容、实施过程、个人总结等。项目总结报告将作为个人自评成绩的参考。

最后，教师评价、小组互评、个人自评相结合，按照一定的权重计算出学生的综合训练成绩。

参 考 文 献

[1] 张新长，辛秦川，郭泰圣，等. 地理信息系统概论 [M]. 北京：高等教育出版社，2017.

[2] 汤国安，赵牡丹，杨昕，等. 地理信息系统 [M]. 2版. 北京：科学出版社，2019.

[3] 李玉芝，王启亮，高晓黎. 地理信息系统基础 [M]. 北京：中国水利水电出版社，2009.

[4] 张东明. 地理信息系统技术应用 [M]. 北京：测绘出版社，2013.

[5] 黄杏元，马劲松. 地理信息系统概论 [M]. 3版. 北京：高等教育出版社，2008.

[6] 李建辉. 地理信息系统技术应用 [M]. 2版. 武汉：武汉大学出版社，2020.

[7] 龚健雅. 地理信息系统基础 [M]. 北京：科学出版社，2001.

[8] 张书亮，戴强，辛宇，等. GIS综合实验教程 [M]. 北京：科学出版社，2020.

[9] 刘亚静，姚纪明，任永强，等. GIS软件应用实验教程：SuperMap iDesktop 10i [M]. 武汉：武汉大学出版社，2021.

[10] 金江军. 智慧城市：大数据、互联网时代的城市治理 [M]. 5版. 北京：电子工业出版社，2021.

[11] 龚健雅. 地理信息系统基础 [M]. 2版. 北京：科学出版社，2022.

[12] 金江军. 智慧城市：大数据、互联网时代的城市治理 [M]. 5版. 北京：电子工业出版社，2021.

[13] 郭仁忠，林浩嘉，贺彪，等. 面向智慧城市的GIS框架 [J]. 武汉大学学报·信息科学版，2020 (12)：1830-1833.

[14] 王家耀. 时空大数据及其在智慧城市中的应用 [J]. 卫星应用，2017 (3)：10-17.

[15] 张建云，刘九夫，金君良. 关于智慧水利的认识与思考 [J]. 北京：水利水运工程学报，2019 (6)：1-7.

[16] 蒋云钟，冶运涛，赵红莉，等. 智慧水利解析 [J]. 水利学报，2021 (11)：1355-1368.

[17] 王家耀. 时空大数据及其在智慧城市中的应用 [J]. 北京：卫星应用，2017 (3)：10-17.

[18] 宋关福，陈勇，罗强，等. GIS基础软件技术体系发展与展望 [J]. 地球信息科学学报，2021，23 (1)：2-15.

[19] 薄伟伟，高庆方，赵芳. "黄河一张图"建设研究 [J]. 水利信息化，2018 (2)：39-43.

[20] 张建云，刘九夫，金君良. 关于智慧水利的认识与思考 [J]. 水利水运工程学报，2019 (6)：1-7.

[21] 刘艳锐，索瑞霞. 中国智慧城市发展的内在动力与建设思路 [J]. 现代管理科学，2019 (1)：118-120.